蔬果豆品

中菜精品烹飪大系

中國烹飪協會名廚專業委員會 主編

橘子文化事業有限公司 出版

國家圖書館出版品預行編目（CIP）資料

中菜精品烹飪大系：蔬果豆品 / 中國烹飪協
會名廚專業委員會作. -- 初版. -- 臺北市：
　橘子文化，2014.05
　　面；　公分
　中英對照
　ISBN 978-986-6062-79-7（平裝）

　1. 蔬菜食譜　2. 飲食風俗　3. 中國

427.11　　　　　　　　　　103000150

中菜精品烹飪大系：蔬果豆品

編　　著	中國烹飪協會名廚專業委員會	
顧問（香港）	石健	
編　　輯	祁思	
助理編輯	廖江莉	
封面設計	吳明煒	
設　　計	萬里機構製作部	

出 版 者	橘子文化事業有限公司	聯合出版
	萬里機構出版有限公司	
總 代 理	三友圖書有限公司	
地　　址	106台北市安和路2段213號4樓	
電　　話	（02）2377-4155	
傳　　真	（02）2377-4355	
E-mail	service@sanyau.com.tw	
郵政劃撥	05844889　三友圖書有限公司	

總 經 銷	大和書報圖書股份有限公司
地　　址	新北市新莊區五工五路2號
電　　話	（02）8990-2588
傳　　真	（02）2299-7900

http://www.ju-zi.com.tw
三友圖書
友直 友諒 友多聞

初　　版	2014年五月
定　　價	新臺幣450元
ISBN	978-986-6062-79-7（平裝）

出版說明

經典承傳・時代精品・創新演繹

中國幅員遼闊，食材琳琅滿目，加上現代物流暢達，廚師無論身處何方，都可以從心所欲地應用來自全國以至海外的食材和調料，配合所在地的地方特產，通過不同的烹調技法相互結合，巧妙地將個人風格融入不同口味的菜品中，讓每位品嚐者雖吃同名的一道菜，但滋味各不同！這充分體現了中國烹飪技藝的深厚內涵。

今次出版的《中菜精品烹飪大系》，匯集了中國各省市100位著名烹飪大師，展示不同菜系的數百道經典名菜，其中大部分還經過名廚們別出心裁的創新。本叢書以食材作分類，包括《魚鮮》、《蝦蟹甲貝》、《肉食》、《家禽》、《山珍海味》和《蔬果豆品》六冊，每書收錄一百多道菜，每道菜都介紹其特點和主要烹調技法，說明主料、配料、調料和製作步驟，還指出製作關鍵。本叢書網羅的菜式，源於大江南北，橫貫中國東西，在此平台上盡展現代中菜多姿多采的風貌，讓讀者盡賞華夏廚藝絕技。叢書並可為有經驗的烹飪者提高中菜烹飪境界，又為餐飲業界提供創新菜單的借鑒。食譜的寫法，盡量保持原貌，讓讀者亦可一窺烹飪大師們的筆下風采。需要說明的是，成菜味道，各師各法，書中食譜均不詳列配料及調料份量，有經驗的烹飪者憑經驗搭配，當能成就具個人風格的好菜。

本叢書承蒙美食家吳恩文、香港中華廚藝學院前總監(現任國際廚藝學院顧問)黃偉中先生撰序推薦，香港餐務管理協會顧問黎承顯先生為各冊撰寫前言，又蒙香港餐務管理協會主席楊位醒先生、彩福婚宴集團董事長兼出品部總監何志強先生、愛斯克菲法國廚皇美食會大使暨中國飯店業協會廚藝大師黃健欽先生、中國國際名廚級烹飪名家蔡潔儀女士等飲食界前輩審閱指導，謹此敬謝。

序

「民以食為天」。人類從茹毛飲血到鑽木取火、炮生為熟,烹飪技術隨著人類的進化、社會的發展而發展,不僅促進了社會生產力的發展,也促進了烹飪事業的發展。

中國飲食有著數千年深厚的歷史文化底蘊,在距今七八千年的新石器時代的龍山文化遺物中,就發現了大量的烹飪器具。中國的烹飪技藝早就以其技藝精湛、花樣品種繁多、色香味形器俱佳而馳譽世界。烹飪技藝是中國民族文化的重要組成部分,不僅具有悠久的歷史、光輝的過去,更有著燦爛的未來!

中國地大物博,資源豐富,人傑地靈。受此影響,中國菜點也具有了文明大國的泱泱之風:不同特點的民間地方菜、宮廷菜、官府菜、民族菜和宗教寺院素食菜構成了中國菜點的主體。

中國菜點,選料嚴格,刀工精細,變化多端,講究拼配藝術,注重把握火候,妙在鼎中之變,巧在以味為美。

新時代中國烹飪在不斷取得新的發展和進步,餐飲烹飪業的從業人員與時俱進,把民以「養」為本作為烹飪工作的主題,使中國菜點不僅講究色、香、味、形、器,而且更講究綠色食品、衛生安全、合理搭配,注重營養和飲食文化。創新了相互包容、各具特色、令人目不暇接、讚不絕口的大批新菜、新點,進一步繁榮了中國餐飲市場,餐飲業出現了空前的興旺發達。

面對當今社會餐飲業的繁榮景象,感謝中國廣大廚師和餐飲業的所有從業人員,為餐飲市場的興旺發達所付出的辛勤努力!特別要感謝著名的烹飪大師們!優秀的廚師代代相傳、人才輩出,他們本著「繼承、發揚、開拓、創新」的精神,尊師愛徒、努力學習、刻苦鑽研、不斷研究、創新發展,緊緊結合社會的發展和時代的進步,千方百計地滿足新世紀人民對餐飲文化的需求。

為使中國烹飪大師的優秀技藝代代相傳，為使中國烹飪大師進一步名揚世界，為進一步弘揚中國的飲食文化，為使廣大烹飪愛好者更好地學習、借鑒，《中菜精品烹飪大系》出版了！這是在中國烹飪協會領導下，由中國著名烹飪大師精心製作、相互配合、認真編撰、共同努力的可喜成果！我表示衷心地祝賀！

《中菜精品烹飪大系》是中國烹飪協會組織其下屬名廚專業委員會100名委員共同編著的著作。叢書匯集了東西南北各個菜系的經典名菜和大師們獨具匠心的創新菜品。烹飪大師們憑著對烹飪技術孜孜不倦的執著、唯美追求，挖掘了無窮的潛力和智慧，把琳琅滿目、品種多樣的食物原料、調料通過不同的刀工、火候、技法相互結合、滲透，巧妙地利用練就的烹飪技藝，將四面八方具有不同風格、特點、口味的菜品完美地融合，做細、做精，使餐飲品位就像魔方一樣變化無窮！享受不盡！這充分體現了中國烹飪技術的深厚內涵和文化底蘊。

相信，本叢書的出版，必將喚起更多人對烹飪事業的熱愛，必將讓更多的烹飪愛好者為中國烹飪藝苑中別具風采的奇花異草而感到驕傲和自豪！

蘇秋成

中國烹飪協會會長

推薦序

中華廚藝是一門博大精深的學問，它的歷史源遠流長，隨著不同時期的文化、社會、經濟及政治環境的轉變，菜餚的口味和風格亦相應地融入當代的色彩。中華廚藝作為中華文化的一部份，是極需要有系統地保存；這樣，珍貴的飲食文化才得以廣傳千里、流傳萬世。

是次萬里機構把中國烹飪協會專業委員會編撰的「100位中國烹飪大師作品集錦」之版權購入，並與台灣出版機構合作出版繁體字版本「中菜精品烹飪大系」，將超過七百道別具代表性的中式菜餚重新整理，呈現於香港及台灣的讀者眼前，使傳統名菜得以保留及廣泛流傳下去，為中華飲食文化起了推動作用，實在值得嘉許。故當香港餐務管理協會主席楊位醒先生及顧問黎承顯先生邀請本人為此書撰寫序言時，本人欣然答應。

中華廚藝學院自千禧年成立以來，亦是本著同一理念，匯聚香港特別行政區政府、職業訓練局以及香港飲食業界三方的力量，為中式餐飲業提供有系統的人才培訓，把中華廚藝這個珍貴的文化瑰寶透過專業的中廚師培訓，「承先啟後，薪火相傳」。我們一直支持業界舉辦各種交流活動，更鼓勵分享各式食譜，將它結集成書。「中菜精品烹飪大系」輯錄了中國各大菜系，菜式各有特色。此叢書收集了100位烹飪大師的作品，每位均是傳承和創新中國烹飪的翹楚，年輕廚師及同業若能參考到名家的廚藝作品，有助啟發創作靈感及提高廚藝技巧，實在難能可貴。

黃偉中

前中華廚藝學院總監
現任國際廚藝學院顧問
二零一三年十二月

推薦序

中華料理經歷了幾千年的更迭，除了隨時代潮流更新，不斷有改良，抑或是創新的創意料理外，能經歷的這幾千年歷史的經典菜色，更是不可輕忽。在台灣，許多由政府推動的美食宣傳中，經常提到台灣美食的精彩之處，是五〇年代後，有許多來自中國各省的優秀廚師，群聚台灣這個小島嶼，不但保存了中華各大菜系的精華，還融合了創新的滋味，可是，這個優勢似乎逐在慢慢消失當中，因為老一輩的中菜師傅已逐漸凋零，但卻還看不到新　代的中菜接班人站出來。

在廚師的學徒制漸漸被餐飲學校取代之後，所有學藝之路跟著標準化、透明化，同時也更學術化了，現在的學生，只要一進入餐飲科系，不管中餐、西餐、異國料理……什麼都要學，短短四年結業後立刻進入職場，但，中菜的技藝浩繁如星，所需積累的經驗和實力，豈會是四、五年在學校就學得會的？於是，若你走一遍西餐廳或是日本料亭，常可看見年輕師傅的面孔，卻看不到年輕廚師自立門戶開起中菜館，這是有些嚴重的事。若是我們的餐飲學校、文化潮流，只重西餐，不重中餐，也許以後，我們再也吃不到像樣的東坡肉和宮保雞丁，那景象將會多麼驚人！

《中菜精品烹飪大系》這一系列套書分成魚鮮篇、蝦蟹甲貝篇、肉食篇、家禽篇、山珍海味篇和蔬果豆品篇，是中國的烹飪協會旗下的100位廚師共同創作而成，裡頭除了集結了中國各地北東南西各個菜系的經典料理，更有著各個廚師精心規畫的創意菜色，可說是難能可貴。一旦讀過了這本匯集了近100位頂級中國烹飪大師的精華作品，也可算是已經一覽了現代中菜的概貌，十分適合新一輩的年輕廚師們做為參考與啟發創作靈感。所謂中菜，是需要透過觀察、觀摩，並多方吸收知識，參考頂尖師匠的創作思維與料理工序，才可逐漸爐火純青。希望未來台灣對中菜的重視可以逐漸回溫，期許年輕廚師們將屬於台灣滋味的中菜發揚光大，並流傳下去。

美食家

目錄

培植菌

豆及豆製品

蔬菜果豆：均衡膳食不可或缺

　　什麼叫蔬菜？狹義的解說，指蔬菜是經過人工栽培、可供佐餐的草本植物的總稱。中國古代農書早已有"草之可食者為蔬"的說法。

　　把範圍再擴大一點，其實蔬菜還包括了少數木本植物的嫩芽、嫩莖、嫩葉及部份真菌和藻類。

　　無論如何，蔬菜含有多種維他命、礦物質、豐富的碳水化合物、蛋白質及纖維素等人體生長、發育所必需的物質。是身體不可或缺的食物。

　　中國古醫籍《內經》謂："五穀為養，五果為助，五畜為益，五菜為充。"即是說日常飲食以穀類為主，因穀類供給人體以能量；蔬果含有維他命、礦物質，故為膳食中必需的輔助性食物；五畜(肉類)含有蛋白質，經酶解後變為氨基酸，對人體的生長、發育、修補臟腑的損耗均極重要。《內經》所說的是營養學上的均衡膳食的主要法則，由此可知蔬菜是人類均衡膳食不可缺少的物質。

　　蔬菜可供食用的部位包括有根、莖、葉、未成熟的花、未成熟或已成熟的果實和幼嫩的種子等，根據這個分類方法把常用的蔬菜表述如下，相信有助各位對蔬菜有較全面的理解。

根類蔬菜

名稱	別名	英文名	學名	科屬
蘿蔔	萊菔、蘿白、中國蘿蔔	Chinese radish	*Raphanus sativus* L. var. *longipinnatus* Bailey	十字花科
四季蘿蔔	小蘿蔔、西洋蘿蔔	Radicula radish	*Raphanus sativus* L. var. *radiculus* Pers.	十字花科
蕪菁	蔓菁、圓根、盤菜	Turnip	*Brassica rapa* L.	十字花科
蕪菁甘藍	洋蔓菁、洋大頭菜	Rutabaga	*Brassica napobrassica* (L.) Mill.	十字花科
胡蘿蔔	紅蘿蔔、金筍	Carrot	*Daucus carota* L. var. *sativa* DC.	繖形科
芹菜蘿蔔	歐洲防風、美國防風	Parsnip	*Pastinaca sativa* L.	繖形科
婆羅門參	西洋牛蒡	Salsify	*Tragopogon porrifolius* L.	菊科
黑婆羅門參	鴉蔥、黑皮參	Black salsify	*Scorzonera hispanica* L.	菊科
牛蒡	大力子、牛菜	Edible burdock	*Arctium lappa* L.	菊科
根恭菜	紅菜頭、根甜菜	Table beet	*Beta vulgaris* L. var. *rapacea* Koch.	藜科
根芹菜	根洋芹	Root celery	*Apium graveolens* L. var. *rapaceum* DC.	繖形科
根芥菜	大頭菜、沖菜	Root mustard	*Brassica juncea* Coss. var. *megarrhiza* Tsen et Lee	十字花科
沙芥	山蘿蔔	Cornuted pugionium	*Pugionium cornutum* (L.) Gaertn.	十字花科
辣根	馬蘿蔔	Horse radish	*Armoracia rusticana* (Lam.) Gaertn.	十字花科

名稱	別名	英文名	學名	科屬
葛	粉葛、葛根	Kudzu	*Pueraria thomsoni* Benth.	蝶形花科
豆薯	地瓜、涼薯、沙葛	Yam bean	*Pachyrhizus erosus* (L.) Urban.	蝶形花科
番薯	山芋、紅苕、甘薯	Sweet potato	*Ipomoea batatas* (L.) Lam.	旋花科

莖類蔬菜

名稱	別名	英文名	學名	科屬
茭筍	茭白、菰	Water bamboo	*Zizania caduciflora* Hand-Mzt.	禾本科
萵筍	嫩莖萵苣、萵菜	Asparagus lettuce	*Lactuca sativa* L. var. angustana Irish.	菊科
石刁柏	蘆筍、露筍、索羅羅	Asparagus	*Asparagus officinalis* L.	百合科
食用菊	甘菊	Edible chrysanthemum	*Dendranthema morifolium* (Ramat) Tzvel.	菊科
蘘荷	野薑、黃花蘘荷	Mioga ginger	*Zingiber mioga* Rosc.	薑科
莖芥菜	青菜頭、棱角菜	Stem mustard	*Brassica juncea* Coss. var. tsatsai Mao.	十字花科
蒲菜	香蒲、草芽、蒲筍	Common cattail	*Typha latifolia* L.	香蒲科
竹筍	竹芽、筍、箔	Bamboo shoot	*Sinocalamus beecheyana* (Munro) Mcclure	禾本科
龍芽楤木	刺龍芽、樹頭菜	Chinese aralia	*Aralia elata* (Mig.) Seem	五加科
蓮藕	荷藕、靈根	Lotus root	*Nelumbo nucifera* Gaertn.	睡蓮科
生薑	蘘荷、甘露子	Fresh ginger	*Zingiber officinale* Rosc.	薑科
球莖甘藍	擘藍、玉蔓菁、芥蘭頭	Kohlrabi	*Brassica oleracea* L. var. caulorapa DC.	十字花科
芋	芋艿、毛芋、芋頭	Taro	*Colocasia esculenta* (L.) Schott.	天南星科
魔芋	蒟蒻、鬼芋	Elephant-foot yam	*Amorphophallus rivieri* Dur.	天南星科
茨菰	慈姑、白地栗	Arrowhead	*Sagittaria sagittifolia* L.	澤瀉科
荸薺	地栗、烏芋、馬蹄	Water chestnut	*Eleocharia tuberosa* (Roxb.) Roem. et Schult.	莎草科
洋蔥	圓蔥、玉蔥、蔥頭	Onion	*Allium cepa* L.	石蒜科
大蒜	蒜、胡蒜	Garlic	*Allium sativum* L.	石蒜科
韭蔥	扁蔥、扁葉蔥、洋蒜苗	Leek	*Allium porrum* L.	石蒜科
薤白	小根蒜、野薤	Longstamen onion	*Allium macrostemon* Bunge	石蒜科
薤	藠頭、薤菜	Scallion	*Allium chinense* G. Don.	石蒜科
百合	夜合、中篷花	Lily	*Lilium brownii* F. E. Brown var. viridulum Baker	百合科
蔥	小蔥、蔥白	Fistular onion	*Allium fistulosum* L.	石蒜科
四季蔥	香蔥、細香蔥	Chive	*Allium schoenoprasum* L.	石蒜科
胡蔥	乾蔥、火蔥	Shallot	*Allium ascalonicum* L.	石蒜科
香芋	菜用土圞兒	Potato bean	*Apios americana* Medic.	蝶形花科
菊芋	洋薑、薑不辣	Jerusalam artichoke	*Helianthus tuberosus* L.	菊科
藤三七	落葵薯、川七	Madeira vine	*Anredera cordifolia* (Ten.) Steenis	落葵科
草石蠶	螺絲菜、寶塔菜、甘露子	Chinese artichoke	*Stachys sieboldii* Miq.	唇形科
地筍	地參、地瓜兒苗	Shiny bugle weed	*Lycopus lucidus* Turcz.	唇形科
蕉芋	蕉藕、薑芋	Edible canna	*Canna edulis* Ker.	美人蕉科
馬鈴薯	土豆、洋芋、薯仔	Potato	*Solanum tuberosum* L.	茄科
山藥	大薯、薯蕷、參薯	Yam	*Dioscorea alata* L.	薯蕷科

莖葉類蔬菜

名稱	別名	英文名	學名	科屬
大白菜	黃芽白、紹菜、天津白菜、結球白菜	Peking cabbage	*Brassica pekinensis* (Lour.) Rupr.	十字花科
小白菜	白菜、青菜、江門白菜、不結球白菜	Chinese cabbage	*Brassica chinensis* L.	十字花科
菜薹	菜心、薹心菜	Flowering Chinese cabbage	*Brassica parachinensis* Bailey	十字花科
芥菜	大芥菜、辣菜	Mustard	*Brassica juncea* Coss.	十字花科
芥蘭	芥藍、蓋菜	Chinese kale	*Brassica alboglabra* Bailey	十字花科
甘藍	藍菜	Cole	*Brassica oleracea* L.	十字花科
彩葉萵苣	紅萵苣	Cos lettuce	*Lactuca sativa* L. var. longifolia Lam.	菊科
茼蒿	蓬蒿、實盡菜	Garland chrysanthemum	*Chrysanthemum coronarium* L.	菊科
芹菜	旱芹、藥芹	Wild celery	*Apium graveolens* L. var. dulce DC.	繖形科
西芹	西洋芹菜	Celery	*Apium graveolens* L.	繖形科
烏塌菜	塌棵菜	Broadbeaked mustard	*Brassica narinosa* Bailey	十字花科
雪菜	雪裡蕻	Hsueh-li-hung	*Brassica jucea* Coss. var. multiceps Bailey	十字花科
菠菜	菠薐、菠菱菜、波斯草	Spinach	*Spinacia oleracea* L.	藜科
莧菜	白莧菜	Edible amaranth	*Amaranthus mangostanus* L.	莧科
紅莧菜	赤莧、虎莧、紫莧菜	Red amaranth	*Amaranthus tricolor* L.	莧科
蕹菜	空心菜、竹葉菜、藤菜	Water spinach	*Ipomoea aquatica* Forsk.	旋花科
豆瓣菜	西洋菜、水蔊菜	Water cress	*Nasturtium officinale* R. Br.	十字花科
豌豆苗	豆苗、安豆苗	Eaily dwarf pea	*Pisum sativum* L.	蝶形花科
冬寒菜	冬葵、滑腸菜	Curled mallow	*Malve verticillata* L.	錦葵科
落葵	潺葵、胭脂菜、軟漿葉	Malabar spinach	*Basella rubra* L.	落葵科
番杏	新西蘭菠菜、夏菠菜	New Zealand spinach	*Tetragonia expansa* Murray	番杏科
四季菜	甜菜、野勒菜、珍珠菜	Ghostplant wormwood	*Artemisia lactiflora* Wall.	菊科
白花菜	羊角菜	Common spiderflower	*Cleome gynandra* L.	白花菜科
千寶菜	小松菜	Winter mustard	*Brassica juncea* Coss. var. japonica Hort	十字花科
戢菜	魚腥草、葅菜	Heartleaf houttuynia	*Houttuynia cordata* Thunb.	三白草科
蓴菜	蕁菜、馬蹄草、水荷葉	Water shield	*Brasenia schreberi* Gmel.	睡蓮科
薺菜	菱角菜	Shepherd's purse	*Capsella bursa-pastoris* L.	十字花科
馬蘭	馬蘭頭、雞兒腸	Indian kalimeria	*Kalimeris indica* (L.) Sch-Bip.	菊科
菊花腦	路邊黃、黃菊仔、菊花菜	Vegetable chrysanthemum	*Chrysanthemum nankingense* Hand-Mzt.	菊科
鴨兒芹	三葉、野蜀葵、鴨腳板	Japanese hornwort	*Cryptotaenia japonica* Hassk.	繖形科
刺薊	小薊、刺兒菜、萋萋菜	Common cephalanoplos	*Cephalanoplos segetum* (Bunge.) Kitam.	菊科
小茴香	土茴香、香絲菜、甜茴香	Fennel	*Foeniculum vulgare* Mill.	繖形科
薄荷	番荷菜	Mint	*Mentha haplocalyx* Briq.	唇形科
芫荽	香荽、香菜、胡荽	Coriander	*Coriandrum sativum* L.	繖形科
羅勒	千層塔、毛羅勒、蘭香	Sweet basil	*Ocimum basilicum* L. var. pilosum (Will) Benth.	唇形科

名稱	別名	英文名	學名	科屬
馬齒莧	長命菜、五行草	Purslane	*Portulaca oleracea* L.	馬齒莧科
番薯葉	紅茗葉、過溝菜、番薯藤	Sweet potato vine	*Ipomoea batatas* (L.) Lam.	旋花科
苦苣菜	苦麻菜、小鵝菜	Common sowthistle	*Sonchus oleraceus* L.	菊科

葉類蔬菜

名稱	別名	英文名	學名	科屬
萵苣	千金菜、生菜、唐生菜	Lettuce	*Lactuca sativa* L.	菊科
結球萵苣	西生菜、包心萵苣	Head lettuce	*Lactuca sativa* L. var. capitata L.	菊科
皺葉萵苣	玻璃生菜、廣東萵苣	Curled lettuce	*Lactuca sativa* L. var. crispa L.	菊科
苦苣	褔苣、天香菜、美國萵苣	Endive	*Cichorium endivia* L.	菊科
蕓薹	油菜、薹菜	Bird rape	*Brassica campestris* L.	十字花科
紫菜薹	紅油菜	Red rape	*Brassica campestris* L. var. purpurea Bailey.	十字花科
抱子甘藍	芽甘藍、姬甘藍、湯菜	Brussels sprouts	*Brassica oleracea* L. var. gemmifera Zenk.	十字花科
結球甘藍	捲心菜、椰菜	Cabbage	*Brassica oleracea* L. var. capitata L.	十字花科
葉芥菜	大葉芥菜、包心菜	Leaf mustard	*Brassica juncea* Coss. var. foliosa Bailey	十字花科
葉恭菜	葉甜菜、莙蓬菜	Leaf beet	*Beta vulgaris* L. var. cicla Koch.	藜科
枸杞	枸杞菜、枸牙子	Chinese wolfberry	*Lycium chinense* Miller.	茄科
水芹	刀芹、楚葵、路路通	Water dropwort	*Oenanthe stolomifera* (Roxb) Wall.	繖形科
金花菜	南苜蓿、草頭、菜苜蓿	California burclover	*Medicogo hispida* Gaertn	蝶形花科
紫背菜	紅背菜、血皮菜、紅鳳菜、觀音菜	Gynura	*Gynura bicolor* (Roxb.) DC.	菊科
黃麻葉	苦麻葉	Roundpod jute	*Corchorus caplusaris* L.	椴樹科
菊苣	野苦苣、吉康菜	Chicory	*Cichorium intybus* L.	菊科
韭菜	壯陽菜、扁菜、懶人菜	Chinese chive	*Allium tuberosum* Rottler ex Spreng.	石蒜科
分葱	菜葱、冬葱	Bunching onion	*Allium fistulosum* L. var. caespitosum Makino.	石蒜科
大葱		Welsh onion	*Allium fistulosum* L. var. giganteum Makino.	石蒜科
樓葱	龍爪葱、天葱、曲葱	Storey onion	*Allium fistulosum* L. var. viviparum Makino.	石蒜科
蒔蘿	土茴香	Dill	*Anethum graveolens* L.	繖形科
紫蘇	紅蘇、荏	Perilla	*Perilla frutescens* L.	唇形科
刺菜薊	菜薊、洋菜薊	Cardoon	*Cynara cardunculus* L.	菊科
香椿	椿甜樹、紅椿、香椿芽	Chinese toon	*Toona sinensis* (A. Juss.) Roem.	楝科
食用大黃	圓葉大黃	Rhubarb	*Rheum officinale* Baill.	蓼科
蕨菜	龍頭菜、鹿蕨菜、如意菜	Wild brake	*Pteridium aguilinum* (L.) Kuhn. var. latiusculum (Desv.) Underw.	鳳尾蕨科
紫萁	薇菜、水骨菜	Common somunda	*Osmunda japonica* Thunb.	紫萁科

花果類蔬菜

名稱	別名	英文名	學名	科屬
西藍花	綠菜花、青花菜、意大利芥藍	Broccoli	*Brassica oleracea* L. var. italica Plench.	十字花科
花椰菜	菜花、椰菜花	Cauliflower	*Brassica oleracea* L. var. botrytis L.	十字花科
朝鮮薊	洋百合、法國百合	Artichoke	*Cynara scolymus* L.	菊科
黃花菜	萱草花	Day lily	*Hemerocollis fulva* L.	百合科
霸王花	劍花、量天尺	Nightblooming cereus	*Hylocereus undatus* (Haw.) Brit. et Rose	仙人掌科
曇花	月下美人、十二點花	Broadleaf epiphyllum	*Epiphyllum oxypetalum* (DC.) Haw.	仙人掌科
夜香花	夜來香	Cordate telosma	*Telosma cordata* (Burm. f.) Melt.	蘿藦科
款冬	冬花、香款冬、蜂斗菜	Coltsfoot	*Petasites japonicus* Miq.	菊科
菱	菱角、芰、水栗	Water caltrop	*Trapa bispinosa* Roxb.	菱科
芡實	雞頭實、肇實	Cordon euryale	*Euryale ferox* Salisb.	睡蓮科
黃豆芽	大豆芽菜、大豆黃卷	Soy bean sprouts	*Glycine max* (L.) Merr.	蝶形花科
綠豆芽	細豆芽菜、銀芽	Mung bean sprouts	*Phaseolus radiatus* L.	蝶形花科
子芥菜	辣油菜、大油菜	Seedy mustard	*Brassica juncea* Coss. var. gracilis Tsen et Lee.	十字花科
茄子	落蘇、茄瓜、矮瓜	Eggplant	*Solanum melongena* L.	茄科
番茄	西紅柿、六月柿	Tomato	*Lycopersicon esculentum* Mill.	茄科
辣椒	辣茄、海椒	Pepper , Chilli	*Capsicum frutescens* L.	茄科
甜椒	菜椒、青椒、燈籠椒	Sweet pepper	*Capsicum frutescens* L. var. grossum Bailey.	茄科
絲瓜	棱角絲瓜、勝瓜	Angled luffa	*Luffa acutangula* (L.) Roxb.	葫蘆科
節瓜	毛瓜、小冬瓜	Fuzzy melon	*Benincasa hispida* (Thunb.) Cogn. var. chieh-qua How.	葫蘆科
黃瓜	胡瓜、王瓜、青瓜	Cucumber	*Cucumis sativus* L.	葫蘆科
苦瓜	錦荔枝、涼瓜、菩達	Balsam pear	*Momordica charantia* L.	葫蘆科
冬瓜	白瓜、水芝、枕瓜	Wax gourd	*Benincasa hispida* Cogn.	葫蘆科
南瓜	番瓜	Pumpkin	*Cucurbita moschata* (Duch) Poir.	葫蘆科
西葫蘆	金絲瓜、崇明金瓜	Summer squash	*Cucurbita pepo* L.	葫蘆科
筍瓜	玉瓜、金瓜、印度南瓜	Winter squash	*Cucurbita maxima* Duch ex Lam.	葫蘆科
佛手瓜	萬年瓜、隼人瓜、合掌瓜	Chayote	*Sechium edule* Swartz.	葫蘆科
菜瓜	蛇甜瓜、生瓜	Snake melon	*Cucumis melo* L. var. flexuosus Naud.	葫蘆科
越瓜	梢瓜、白瓜	Commom muskmelo	*Cucumis melo* L. var. conomon Makino	葫蘆科
蛇瓜	蛇絲瓜、毛烏瓜	Serpent gourd	*Trichosanthes anguina* L.	葫蘆科
蓮子	蓮實、蓮米	Lotus seed	*Nelumbo nucifera* Gaertn.	睡蓮科
豌豆	荷蘭豆、雪豆	Garden pea	*Pisum sativum* L.	蝶形花科
甜豌豆	糖莢豌豆	Edible podded pea	*Pisum sativum* L. var. macrocarpum Ser.	蝶形花科
毛豆	菜用大豆、枝豆	Soya bean	*Glycine max* (L.) Merr.	蝶形花科
四棱豆	翼豆、四角豆	Winged bean	*Psophocarpus tetragonolobus* (L.) DC.	蝶形花科
紅花菜豆	龍爪豆、荷苞豆	Scarlet runner bean	*Phaseolus coccineus* L.	蝶形花科
萊豆	利馬豆、白豆、雪豆	Lima bean	*Phaseolus lunatus* L.	蝶形花科
菜豆	四季豆、敏豆	Common bean	*Phaseolus vulgaris* L.	蝶形花科
扁豆	蛾眉豆、鵲豆	Hyacinth bean	*Dolichos lablab* L.	蝶形花科

名稱	別名	英文名	學名	科屬
蠶豆	胡豆、羅漢豆	Broad bean	*Vicia faba* L.	蝶形花科
長豇豆	豆角、蔓豆、羊角	Cowpea	*Vigna unguicutata* (L.) Walp.	蝶形花科
黎豆	狗爪豆、狸豆	Velvet bean	*Mucuna pruriens* (L.) DC. var. utilis (Wall ex Wight) Baker ex Burck.	蝶形花科
刀豆	直立刀豆、矮生刀豆	Jack bean	*Canavalia ensiformis* (L.) DC.	蝶形花科
甜玉米	菜玉米、粟米、包粟	Sweet corn	*Zea mays* L. var. rugosa Bonaf.	禾本科
玉米筍	珍珠筍、玉米芽	Baby corn	*Zea mays* L. var. rugosa Bonaf.	禾本科
黃秋葵	秋葵、羊角豆、秋葵莢	Okra	*Abelmoschus esculentus* (L.) Moench	錦葵科

食用生果的安全問題

生果入饌或榨汁，平常事矣！但香港食物安全中心最近曾提醒，氰甙（Cyanogenic Glycosides）存在於多種植物中，包括部份食用植物如竹筍、北杏、桃、杏、李、西梅、櫻桃（車厘子）、木薯等，亦存在蘋果和梨子的種子內，但不存在於蘋果和梨子的果肉內。所以如果蘋果和梨子的種子跟果肉一同製成果汁，則可能在果汁裏檢出有毒的氰化物。果汁內氰化物的水平，受到果樹品種和榨汁的方式所影響。新西蘭近期的研究發現，有些蘋果汁含有低水平氫氰酸，其水平可達 5.4 mg/kg，雖然濃度不高，但由於幼兒體重較輕，對氰化物的反應較成人敏感。

該研究表示：在新西蘭，來自食物的氰甙風險，跟來自食物的除害劑風險相若。所以在製作果汁前，應徹底清洗水果外部，並把蘋果和梨子的種子去掉。

水果

脆皮杏香奶

莊偉佳

特點

炸牛奶是廣東名菜，外脆內軟，本菜加入杏汁，滑嫩且具有杏香味。

技法 炸

材料

主料：鮮牛奶250克，脆漿1000克，杏汁、糖各100克，玉米粉(粟粉)50克

製作步驟

1. 在牛奶中加入杏汁、玉米粉和糖，慢慢翻動，煮成糊狀。

2. 倒出放在盤內攤平，冷卻後放入冰箱涼凍，使其變硬。

3. 冷後切成骨牌狀塊。

4. 蘸上脆漿，再入油鍋中炸熟即可。

製作關鍵

脆漿要即調即用，必須用冰水調，也不要用力攪。

水果

杏香石榴蝦

孟憲澤

 特 點

蝦球鮮嫩，杏香濃郁。

技法 炸

材料

主料：大蝦肉500克

配料：杏仁片、蛋白、粉絲

調料：鹽、味素、蔥、薑汁、植物油

製作步驟

1. 大蝦肉製成蝦膠，加蛋白和調味料，調成鹹鮮口味，做成大蝦丸。

2. 將大蝦丸滾上杏仁片，入油炸熟。

3. 粉絲入鍋炸鬆後裝盤，擺上炸好的蝦球即成。

製作關鍵

炸大蝦丸時要注意火候。

龍眼杏仁豆腐

袁野

特點

色澤潔白，杏仁味濃，入口嫩滑。

技法 凍

材料

主料：杏仁粉、瓊脂、魚膠粉、糖、鮮奶、龍眼

製作步驟

1. 瓊脂放入水中泡軟，加入糖煮至完全溶化。
2. 魚膠粉、杏仁粉中倒入燒開的瓊脂溶液攪勻，待稍許晾涼後再倒入鮮奶攪勻。
3. 用紗布過濾，倒入盤中入冰箱冷卻。
4. 食用時改刀成小塊，放入碗中，再加入龍眼即可。

製作關鍵

過濾後，在冷卻過程中要不停地攪動。

香菠咕嚕肉

莊偉佳

特點

傳統菜式的改良，酸甜味，開胃菜餚，是西方人喜愛的菜式。

技法 炸

材料

主料：去皮五花肉300克、鮮菠蘿肉100克、青紅椒件20克

調料：糖醋汁、蒜茸、葱段、雞蛋、生粉、白糖、鹽

製作步驟

1. 五花肉洗淨，切2厘米丁方肉粒，用生抽、鹽、生粉、糖等醃味。洗淨，蘸蛋漿粉，炸至呈金黃色。

2. 鍋入油燒熱，放入蒜茸、葱爆香，放入糖醋汁，加入青紅椒件，勾芡，最後放炸好的豬肉和菠蘿肉，出鍋裝盤即可。

製作關鍵

注意選料，要用肥瘦均勻的五花肉，太瘦的肉炸後會變柴，口感就不好。

菠蘿鮮魷花

盧朝華

特點

造型美觀，清鮮可口。

技法 炸、炒

材料

主料：鮮魷魚350克、
蜜菠蘿1個

配料：麵包粉（吉列粉）、
雞蛋

調料：鹽、料酒、胡椒、
白糖、生薑、大葱、水
芡粉、油

製作步驟

1. 將菠蘿雕成船形，用
   開水燙一下。菠蘿肉
   切細粒。魷魚去頭、
   鬚、皮，剞刀後用調
   味料、薑、葱等碼味。

2. 將魷魚內的薑、葱去
   掉，加入蛋白拌均勻，
   撲上麵包粉，整好形，
   放入熱油中炸至淺
   黃、皮酥時撈出，裝
   入菠蘿船內。

3. 將菠蘿粒微炒一下，
   加入白糖、清水燒開，
   勾入水芡粉，調成濃
   汁，盛入味碟中，跟
   菜上桌即成。

水
果

香芒帶子

寶義勇

特點

西材中用，口味鹹鮮，黃油香味撲鼻。

技法 煎

材料

主料：澳洲帶子200克、芒果250克

配料：苦苣菜、紅菊苣、薄荷葉

調料：鮮檸檬汁、鹽、橄欖油、胡椒粉、黃油(牛油)、白蘭地酒

製作步驟

1. 帶子取肉，加入鹽、鮮檸檬汁、橄欖油、胡椒粉醃漬5分鐘。

2. 將苦苣菜、紅菊苣裝入盤中作為墊底料。芒果剞刀，點綴在墊底料旁邊。

3. 平底鍋中加入黃油，下入醃漬的帶子煎熟，出鍋前噴入白蘭地酒，起鍋碼在墊底料上，並將薄荷葉裝飾在帶子上即成。

製作關鍵

加入白蘭地酒可增加酒香，使帶子早些成熟。

龍塔碩果

王春山

特 點

酸甜鹹香，色澤亮麗，造型美觀，原料多樣。

技法 炸

材料

主料：蝦仁200克、火龍果5個、白蘭瓜100克、香橙150克、奇異果（獼猴桃）100克

配料：馬鈴薯絲、火腿絲、乾貝絲、菜鬆、乾魷魚絲、紫菜絲、白芝麻

調料：蛋黃醬、生粉、吉士粉、鹽、植物油

製作步驟

1. 火龍果洗淨，切成兩份，將果肉挖出，切成方丁備用。

2. 將每份火龍果做成容器，擺放在盤子周圍。白蘭瓜刻成瓜盅，放在盤子中間。香橙切成方丁，奇異果也切成方丁。

3. 蝦仁改刀入味，一半蘸生粉，一半蘸吉士粉，上火炸成金黃色，撈出瀝乾油。

4. 將炸好的蝦仁和各種水果方丁入勺內，用蛋黃醬炒製，出勺時撒上白芝麻，裝在白蘭瓜盅內上面，用各種原料絲擺成塔狀，在蝦仁和水果方丁中加入調味料，放入火龍果內即成。

製作關鍵

各種原料絲做塔形時一定要層次分明。炒製蝦仁水果方丁時，要注意清淡潔白。

水果

鴨梨拌腰絲

顏景祥

開胃清口，佐酒佳餚，並有潤肺止咳的食療功效。

技法 拌

材料

主料：豬腰300克

配料：鴨梨

調料：鹽、白糖、白醋、檸檬汁、胡椒粉

製作步驟

1. 豬腰片去裏面的白筋，切絲並切細花，入開水鍋汆熟，
   然後沖去血水。鴨梨去皮，切成細絲，在鹽水中浸泡
   10分鐘。

2. 腰絲放在盤子中央，周圍放上梨絲，用適量的檸檬汁、
   白醋、白糖、鹽、胡椒粉對汁澆上即可。

製作關鍵

汆腰絲時應注意不要汆老了。

雪梨雞片

薛文龍

特點

色澤潔白，味道鮮嫩，具有甜、香、鹹、麻、脆的特點，食之唇齒留香。

技法

材料

主料：雞脯肉300克

配料：雪梨、胡蘿蔔、雞蛋白、菠蘿

調料：鹽、紹酒、薑汁、花椒末、素油、香油、生粉

製作步驟

1. 雞脯肉剔去皮筋，切薄片，放入容器中，加鹽、雞蛋白、生粉拌和。梨去皮核，切薄片。菠蘿切兩半，挖去果肉，盛入盤中作容器。胡蘿蔔切花片，待用。

2. 鍋上火燒熱，加油，微熱，將雞片入鍋迅速炒散，倒出，瀝去油。原鍋上火，加入香油、梨片、胡蘿蔔花片、調料、雞片，以旺火翻鍋速炒，再加花椒末，起鍋，盛入菠蘿容器中即成。

製作關鍵

要掌握好火候。

香蕉魚卷

薛文龍

特 點

色澤金黃，酥脆鮮香，清爽適口，葷素搭配，營養全面。

技法 炸

材料

主料：鱖魚1條（重約700克）

配料：香蕉、蘋果、雞蛋、麵包糠

調料：鹽、紹酒、胡椒粉、生粉、番茄沙司、植物油

製作步驟

1. 將鱖魚去骨去皮，批成八片（12片），用鹽、紹酒、胡椒粉稍醃。

2. 將香蕉、蘋果去皮，分別切成12根小條。

3. 將香蕉條、蘋果條包入魚片，捲成卷（12卷）。

4. 用蛋液與生粉調成糊，將魚卷蘸糊，拍麵包糠。

5. 鍋上火燒熱，入油，待油七八成熱時放入魚卷炸至金黃，起鍋裝盤，配番茄沙司上桌即可。

製作關鍵

1. 要用植物油，油溫不宜過高。

2. 鱖魚片的厚薄要一致。

水果

拔絲蘋果

王義均

特點

外脆內嫩,甜香綿綿。

技法

材料

主料:國光蘋果400克

配料:芝麻

調料:油、白糖、麵粉、江米粉、生粉、酵母

製作步驟

1. 取一小盆,加入溫水,把酵母、麵粉、江米粉、生粉調和成厚糊狀,再加入植物油和水,調成稀糊,即成拔絲發酵糊。芝麻炒香備用。

2. 蘋果去皮,切成1厘米寬、3厘米長的方條,拍上麵粉,放入糊中。

3. 入油燒至五成熱,用筷子夾着掛勻糊的蘋果條,入油中炸成淺黃色,撈出。

4. 鍋內留底油燒熱,入白糖,用鐵筷攪拌,待糖融化且呈淺黃起泡時,倒入炸好的蘋果,並不斷顛翻,撒上芝麻,至蘋果掛勻糖汁並出絲時盛入盤中,上桌帶涼開水。

製作關鍵

糖量恰當,火候恰當,糊要調好。

拔絲火龍果

寶義勇

特點

口味甜香，糖絲粗細均勻。

技法

材料

主料：火龍果400克

配料：白芝麻

調料：綿白糖、麵粉、泡打粉、生粉、油

製作步驟

1. 將火龍果去皮，用挖球器挖成球狀，備用。

2. 碗中加入麵粉、生粉、泡打粉、水，調成拔絲糊，靜置片刻。

3. 炒鍋中加入油，燒至四成熱，火龍果球下入拔絲糊中裹勻，放到油中炸至淡黃色，撈出控油。

4. 將油鍋中的油控淨，下入綿白糖炒成黃褐色，倒入炸好的火龍果，離火顛翻，撒入白芝麻，裝盤即可。

製作關鍵

炒糖時不要用旺火。

時果
火鴨沙律

莊偉佳

特 點

火龍果微酸配燒鴨的鹹香，清鮮可口，夏日佳餚。

技法 拌

材料

主料：火龍果1個，火鴨肉、沙律各50克，洋葱、青瓜絲、青紅椒絲共50克

製作步驟

1. 火龍果對切開，取肉，原殼留用。

2. 洋葱、青瓜絲、青紅椒絲用沙律拌好，釀入火龍果殼內。

3. 火鴨肉切成6片，火龍果肉切成6片，一起擺放在果殼上，最後擠上沙律即可。

製作關鍵

水果注意吸乾水份。

三色火龍果

鄔小平

特點

清香誘人，味美可口，為夏日開胃佳餚。

技法 炒

材料

主料：鮮火龍果2個、大蝦仁300克

配料：萵筍、胡蘿蔔、薑粒、蒜茸

調料：泰式甜辣醬、鹽、高湯

製作步驟

1. 將火龍果洗淨，取出果肉，改刀成塊，待用。將蝦仁從背部拉一刀，醃漬備用。將醃好的蝦仁滑油撈起，瀝淨油分，待用。

2. 鍋置火上入油，炒香配料，入蝦仁、火龍果，旺火調味翻炒，裝盤即成。

製作關鍵

火龍果要在菜餚快出鍋時放入，用旺火快炒，以保持果肉形態，使成菜清新爽口。

香橙雪蛤

樂瑞濱

特點

橙香濃郁，營養豐富，食用後可提高人體免疫力。

技法 燒

材料

主料：香橙1個、雪蛤膏50克

調料：鹽、白糖、冰糖、蜂蜜、糖桂花、水芡粉

製作步驟

1. 橙子取淨肉，改成粒狀，橙皮製成盅，待用。雪蛤膏泡透，待用。

2. 起鍋加入清水，放入鹽、白糖、冰糖、蜂蜜、橙肉粒、糖桂花調味，燒開後加入水芡粉勾芡，裝入香橙盅內，放入雪蛤膏即可。

製作關鍵

雪蛤膏要泡透，去除毛和雜質。

水
果

黑椰殼
牛油果露

葉卓堅

特 點

口感爽滑，清潤香甜。

技法 拌

材料

主料：牛油果300克

配料：黑椰子、淡奶油、檸檬汁

調料：冰糖水

製作步驟

1. 黑椰子打開留殼，汁水另用。

2. 牛油果去皮、核，放入攪碎機中打碎，加入淡奶油、冰糖水、檸檬汁攪拌均勻，裝入黑椰子殼中即可。

製作關鍵

攪拌要均勻，不能有結塊。

木瓜官燕

薛泉生

特 點

尊貴典雅，潔白柔軟。

技法 燉

材料

主料：木瓜2個、水發官燕60克

調料：冰糖

製作步驟

1. 將水發官燕放入碗中，加冰糖，用保鮮紙密封，入籠蒸透。

2. 木瓜用圓口槽刀修切成型。將水發官燕分4份入木瓜中，上籠稍蒸取出，放置在玻璃盅內，再用鍍金托盤盛放即成。

製作關鍵

發製燕窩要細緻耐心。

紅袍蓮子

朱雲顯

特 點

口味香甜，營養豐富。

技法 蒸

材料

主料：大紅棗250克

配料：蓮子（去芯）

調料：蜂蜜、白糖、油、水芡粉

製作步驟

1. 將紅棗去核，把去芯蓮子釀入棗中，裝入碗內，加水、蜂蜜、白糖，上籠蒸1小時。

2. 將碗內紅棗扣入盤中，在紅棗上澆勻芡原汁即成。

製作關鍵

紅棗、蓮子一定要蒸爛。

瓜菜

綉球白菜

蕭文清

點

形似綉球花，味醇香軟滑。

技法 炒、炸、燉

材料

主料：大白菜1000克、雞肉200克

配料：熟火腿、雞胗、香菇、芹菜莖、瘦豬肉

調料：胡椒粉、水茭粉、鹽、生油、上湯

製作步驟

1. 將大白菜洗淨，用沸水稍泡，漂洗後，待用。

2. 將雞肉、雞胗、香菇、火腿切粒，入炒鍋炒熟，加入調料，用水茭粉拌勻成餡，盛起待用。

3. 把大白菜放在砧板上，整棵逐瓣剝開，切去菜心，再將剩下的白菜切瓣插入其間隙處，裝上餡料。再將各瓣菜葉圍攏包密，用芹菜莖紮緊，放入六成熱的油鍋中炸透撈起。

4. 在砂鍋裏放上竹箆片，再放入炸好的白菜，加入上湯，上蓋瘦豬肉及香菇，先用旺火煮滾後轉小火燉1小時取出，揀出瘦豬肉，將原湯加水茭粉勾茭即成。

製作關鍵

1. 白菜葉浸泡時間不宜太久，否則菜葉易爛。

2. 在包紮綉球時要包紮緊，否則會鬆散。

瓜汁白菜

張汝才

特 點

造型美觀，湯汁清淡。

技法 蒸

材料

主料：白菜

配料：南瓜

調料：鹽、高湯、生粉、雞油、雞精

製作步驟

1. 將南瓜去皮、瓤，榨成汁。白菜取菜心，改刀備用。

2. 白菜心焯水，放入用南瓜汁、高湯對製的味汁中，上蒸籠蒸10分鐘取出。

3. 白菜原汁倒掉，再用榨成的南瓜汁、高湯調好口味，勾芡，加上雞油，澆在白菜上即成。

製作關鍵

白菜焯水不宜過火或欠火。南瓜汁不宜濃稠。裝盤要精細大方，有形有樣。

清湯釀白菜

龐煜

特點

湯清味鮮，色澤素雅，營養豐富。

技法 蒸

材料

主料：白菜葉、鱖魚膠

調料：鹽、胡椒粉、清湯、雞蛋白、生粉、
葱薑水

製作步驟

1. 將精選白菜葉焯水，控淨水份，待用。鱖
   魚膠加雞蛋白、生粉、葱薑水攪打上勁，
   待用。

2. 白菜葉擺放在肉墩上，二層相疊，拍少許
   乾粉，上面抹勻鱖魚膠，再擺放二層白菜
   葉，上籠蒸熟取出，用刀改成刀背寬的條，
   擺在碗內，上籠蒸透，扣在盛器中。

3. 清湯燒開，加調料，澆在盛器裏即成。

製作關鍵

清湯一定要鮮味濃郁，鮮味調味品不宜使用
太多。

瓜
菜

紅花汁
栗子白菜

王海威

特點

香滑濃郁，以葷托素，養味互補。

技法 蒸、煨

材料

主料：高山奶白菜300克

配料：板栗

調料：藏紅花、雞油、鹽、白糖、濃湯、水芡粉、高湯

製作步驟

1. 白菜改刀成條狀，焯水待用。板栗蒸熟，加入高湯，上火蒸10分鐘。

2. 炒鍋上火，加入濃湯、雞油、鹽和水芡粉，將發好的白菜、板栗和藏紅花用中火煨至入味，裝盤即可。

製作關鍵

栗子要煮至糯、滑、香甜，濃湯脂香味要突出。

爽口手撕菜

張長義

特 點

色澤艷麗，酸甜辣爽口。

技法 拌

材料

主料：西生菜50克、白菜心50克、黃彩椒75克、紅彩椒75克、青尖椒75克、紫甘藍50克、苦菊50克、聖女果75克、水發翅針50克

調料：鹽、白糖、辣椒油、白醋、花椒油、香油

製作步驟

將各種青菜擇洗乾淨，用手撕成人小均勻的片(塊狀)，用各種調料將主料拌勻，裝盤即可。

製作關鍵

各種主料要處理乾淨。

瓜菜

開水白菜

陳波

技法 燉

材料

主料：黃秧白菜心300克

配料：老母雞、老鴨、豬蹄、豬排骨、鮮雞脯肉茸、火腿

調料：薑、葱、鹽、料酒

製作步驟

1. 將老母雞、老鴨、豬蹄、豬排骨、火腿分別入沸水鍋中，汆水後撈出洗淨，然後放入湯鍋內，加入清水燒開後撇去浮沫，加料酒、薑、葱，改用小火慢熬4個小時，待湯濃味鮮時撈出各料，撇盡浮油。

2. 將雞茸用涼鮮湯攪成稀豆漿狀，倒入燒沸的鮮湯中攪勻，這時湯中的雜質會吸附在雞茸上，慢慢地形成一個球狀，10分鐘左右將球撈出不用。如此反覆2~3次，使湯"清"如開水。

3. 將白菜心放入微黃的清湯中煮15分鐘，撈出白菜心墊在湯盆底，輕輕倒入清湯即成。

製作關鍵

1. 大白菜要選色黃、嫩心、將熟未熟透的最好。

2. 吊湯時注意火候，應用微火慢吊，開而不沸，熬至湯鮮味濃即可。

鴛鴦白菜

趙長安

特點

雞湯滋味，色澤豔麗，蒙汁成菜，獨樹一幟。

技法 燒

材料

主料：奶白菜（黃芽白）、娃娃菜各250克，紅椒末10克

調料：鹽、白糖、雞精、油、雞油、雞粉

製作步驟

1. 將奶白菜、娃娃菜擇洗乾淨，用刀將菜切成菜瓣，入沸水焯過，待用。

2. 起鍋加雞湯，放入白菜，加雞精、鹽、雞粉煮至僅熟撈出。將奶白菜擺在長條碟的一端，將娃娃菜擺在長條碟的另一端，兩種菜壓在一起。

3. 用原雞湯燒開，調好鹽味，撇去浮沫，用生粉勾少許芡，扣油，澆在白菜上，撒紅椒末，澆雞油即可。

製作關鍵

1. 白菜煮至僅熟即可，過硬過爛都不好。

2. 雞湯燉菜，蒙汁裝盤，亦為敦煌烹飪一創新技法。

醬油醋
扒白菜翅

龐煜

特點

刀工精細，口味酸甜，色澤紅亮。

技法 燜

材料

主料：白菜葉750克

調料：鹽、陳醋、白糖、雞粉、清湯、醬油、
八角、蔥段、薑片、水芡粉

製作步驟

1. 白菜葉修成樹葉形，改梳子花刀，用竹簽
   夾好，待用。

2. 炒鍋置火上，將清湯燒開，放入修好的白
   菜葉燜約15分鐘，取出。

3. 另起炒鍋，入蔥段、薑片、八角煸香，加
   入白糖拌炒，烹醋，加清湯、雞粉、醬油、
   鹽調味，再次將主料放入，用小火燒5分
   鐘，取出放入盤中，呈魚翅狀。

4. 將湯汁濾淨，用水芡粉勾芡，淋少量清油，
   澆在素翅上即成。

製作關鍵

注意素翅的刀工要均勻一致。素翅燒製時間
不宜過長，以免太爛。

瓜菜

蟹黃扒素翅

邬小平

特點

味正而清香。

技法 煨

材料

主料：大白菜400克、蒸熟的蟹黃50克

調料：蠔油、鹽、高湯

製作步驟

1. 將大白菜焯水至僅熟，用高湯煨製入味，改刀成魚翅狀，入盤，撒上蒸熟的蟹黃。

2. 淨鍋置火上，入高湯、鹽、蠔油調味勾芡，澆淋在素翅上即成。

製作關鍵

高湯煨製時間不宜過火，否則影響白菜口感。

蘭州
什錦暖鍋

趙長安

特點

地方特色，品味不凡，湯鮮味美，老少皆宜。

技法

材料

主料：白菜200克、粉條100克、水發木耳100克、夾沙肉50克、丸子20克、炸豆腐20克、鴿蛋4個、醬肉50克、蛋卷50克、油菜100克

配料：蒜苗、香菜、葱花、薑末

調料：鹽、雞粉、醬油、花雕酒、十三香、胡椒粉、花椒粉、香油、葱油

製作步驟

1. 將白菜切5厘米見方的片，粉條切20厘米長的段，水發木耳擇洗乾淨。

2. 白菜、粉條、木耳、油菜氽水沖涼，放於暖鍋底部。將炸豆腐改刀放上面，鴿蛋煮熟去殼放上面，蛋卷切片放上面，醬肉切成長5厘米、寬3厘米、厚0.5厘米的片放上面，再放上丸子、夾沙肉。

3. 墊鍋涼油，炒香葱花、薑末，烹花雕酒，加肉湯、鹽、雞粉、十三香、胡椒粉、花椒粉，淋入香油、葱油，燒開後加入暖鍋中，把暖鍋放煲仔爐上燒開，撒香菜、蒜苗，上桌即可。

製作關鍵

品種要齊全，暖鍋湯用肉湯。

瓜菜

雞湯
蟹粉娃娃菜

周文榮

特點

葷素搭配，營養豐富，蟹香味鮮。

技法 燉、炒

材料

主料：娃娃菜10棵、新鮮蟹粉150克

配料：雞湯、雞油、火腿片

調料：豆油、鹽、雞精、蔥薑片、紹酒

製作步驟

1. 娃娃菜洗淨切兩半。鍋置火上，入雞湯燒熱，加雞油，放入娃娃菜、火腿片燒沸，移文火慢燉。

2. 鍋置火上，加豆油，將蔥薑片煸出香味撈出，投入蟹粉，加紹酒、鹽炒熟，倒出娃娃菜，調好口味即可。

製作關鍵

一定要選用新鮮的蟹粉。

瓜菜

蜆芥
通菜梗炒爽柳

莊偉佳

特 點

廣東特色小炒，爽脆香口。

技法 炒

材料

主料：豬爽肉150克、通菜梗300克

調料：蜆芥醬、薑米、蒜茸、薑汁酒、鹽

製作步驟

1. 豬爽肉切條，用生粉醃30分鐘，入鍋滑油，瀝去油份。通菜梗以薑汁酒煸炒至熟，撈起。

2. 起鍋入油燒熱，下入蒜茸、薑米起鍋，放入蜆芥醬汁及全部原料，勾芡上碟即可。

製作關鍵

豬爽肉的刀工要均勻，拉嫩油。

蟹黃油菜心

任德峰

特 點

蟹黃香糯不膩，滋味鮮美細膩。

技法

材料

主料：小油菜心400克

配料：大閘蟹蟹黃

調料：薑末、黃酒、鹽、糖、胡椒粉、雞精、
水芡粉、油、醋

製作步驟

1. 鍋中入薑末、蟹黃煸炒，加調料和湯調味，
置小火上。將小菜心煸熟，取出，圍盤邊。

2. 蟹黃收稠湯汁，用水芡粉勾芡，淋油，裝
於菜心中間。

製作關鍵

炒蟹黃時動作應輕巧，以保蟹黃成塊狀不碎。

紅湯
菠菜圓子

朱培壽

特點

清香爽口，色彩搭配協調。

技法

材料

主料：雞脯肉、菠菜、高湯、胡蘿蔔汁

製作步驟

1. 將雞脯肉捶成茸，菠菜切成末，將兩者攪勻，製成材料，擠成圓子。
2. 鍋內放入高湯、胡蘿蔔汁，放入圓子煮熟即可。

製作關鍵

選材(菠菜)要新鮮，不因擺放時間過長而改變菜品應有風味。

菜包什錦

李春祥

特 點

色澤鮮豔，清鮮味美。

技法 炒

材料

主料：乳鴿2隻（重約500克）、生菜400克、
韭菜200克

配料：冬筍、洋葱、西芹、胡蘿蔔

調料：醬油、白糖、醋、生粉、鹽、植物油

製作步驟

1. 將鴿子宰殺去骨，把肉切成小丁，放入碗
   內，加調味品醃漬。

2. 把西芹、胡蘿蔔、洋葱、冬筍一起切成小
   碎丁，韭菜也切成末。

3. 把生菜的老葉去掉，洗淨，把葉剪成圓盤
   形，裝盤。

4. 鍋內放少許油，放入主配料一起炒熟，勾
   芡，加明油出鍋，逐個倒入生菜剪成的"小
   盤"裏即成。

製作關鍵

注意主配料的丁大小要均勻一致。炒什錦的
時間不宜過長。

瓜
菜

芹菜珧柱鬆

任德峰

特點

口味脆爽，鹹中帶鮮。

技法 炸

材料

主料：珧柱200克

配料：芹菜

調料：蔥、薑、黃酒、鹽、雞精、油

製作步驟

1. 芹菜入開水焯燙，隨即入冷開水中激冷，吸去水份，切絲狀，拌入調料，待用。

2. 珧柱剝去硬筋，加蔥、薑、黃酒蒸軟，搓成細絲狀，用清油炸去水份，吸去油，翻挑蓬鬆，放芹菜絲一起拌勻即可。

製作關鍵

珧柱一定要去掉硬筋。

瓜菜

鮮茄珍珠鮑

黃振華

 **特 點**

色澤鮮豔，口味鮮嫩。

技法 蒸

材料

主料：鮮番茄1000克（約8個）、鮮鮑魚200克

調料：番茄汁、上湯、花生油、鹽、白糖、薑汁酒、二湯、生粉、香油、胡椒粉

製作步驟

1. 將鮮番茄洗淨，自頂部切出小塊，呈盅狀，將中間的肉挖出，將挖出的肉切碎。

2. 鮮鮑魚取肉，洗淨後用二湯、薑汁酒煮熟，取出放在鍋裏，加上湯、鹽，上籠蒸熟。

3. 鍋入油燒熱，入鮮番茄肉爆香，放入番茄汁、鮑魚湯、上湯、鮑魚、番茄、鹽、白糖、香油、胡椒粉等調味，待番茄肉熟後用水芡粉勾芡，並倒入番茄盅裏，再加熱至熟即成。

欖菜
肉碎蒸茄子

莊偉佳

特點

家鄉菜的特點。汕頭欖菜的特別香味配合茄子，香中帶滑。

技法

材料

主料：茄子1條（約250克），欖菜50克，肉碎100克，醬油、葱段各適量

製作步驟

茄子開邊，擺入盤中，欖菜、肉碎放在茄子上面，上籠蒸熟，撒上葱段，淋上醬油即可。

製作關鍵

應用猛火蒸，掌握好時間。

瓜
菜

董氏燒茄子

董振祥

特點

茄子入味、微甜。

技法 煎、燒

材料

主料：茄子300克

配料：大蒜仔

調料：鹽、醬油、黃酒、白糖、八角、高湯

製作步驟

1. 將茄子去皮切成厚片，用煎鍋煎成金黃色。

2. 鍋置火上，入油燒熱，煸香八角、大蒜，
   放醬油、黃酒、高湯、鹽、白糖，慢火燒
   至成熟即可裝盤。

製作關鍵

用鍋將茄子煎熟而非炸熟。

神仙茄子

趙長安

特 點

茄子入饌,口味新穎。

技法 燒

材料

主料:本地長茄子400克,榨菜、牛肉各50克,青椒、紅椒各20克

配料:蔥、蒜、蒜苗

調料:鹽、生抽、醋、白糖、油、紅油、生粉、辣醬、料酒

製作步驟

1. 將本地茄子整條改蓑衣花刀,切透。將牛肉切成肉粒。榨菜切1厘米的方丁,青紅椒切1厘米的丁,蒜苗切1厘米的節,另切蔥花、蒜末。

2. 熱鍋入油燒熱,加入改好刀的茄子炸透,倒出,瀝油。熱鍋涼油煸炒肉粒,再放入蔥花、蒜末、辣醬煸炒,烹料酒,加二湯,放茄子中火燒製,放入調料,將茄子燒至軟爛時,勾少許芡,淋紅油出鍋,先撈出茄子擺好,再澆汁即可。

製作關鍵

1. 茄子改刀要切透,燒製要軟爛,汁味要滲入茄中。

2. 此菜要油包汁、汁多油大。

瓜菜

滿園春色

徐步榮

特點

口味鮮鹹，色彩鮮豔。

技法 炒

材料

主料：茄子、苦瓜、山藥、紅椒、黃椒各50克

配料：香菇、青椒

調料：鹽、雞精、清湯、胡椒粉、水芡粉、清油

製作步驟

1. 將主料和配料均切成長條形，待用。

2. 鍋內放清油燒至四成熱，投入以上主料和配料，翻炒至熟，盛出待用。

3. 鍋裏放入清湯，加調料調味，放入炒好的原料，勾芡，淋熱油即可。

製作關鍵

1. 烹調時油溫要掌握恰當，速度要快。

2. 調味時間要短，原料要保持自然色。

瓜菜

古香茄子

丁福昌

特點

酥脆香嫩，香辣適口。

技法

材料

主料：茄子450克、牛肉餡200克

配料：青豆

調料：辣醬、雞粉、生粉、植物油

製作步驟

1. 茄子改刀成寸段，掏空瓤，釀入調好味的牛肉餡。

2. 釀餡茄子拍生粉，炸製成熟，碼盤待用。

3. 勺內底部加油，放入調料，收汁淋在茄子上。青豆焯熟後點綴盤邊即可。

製作關鍵

掌握好炸製茄子的時間和火候。

大漠風沙(茄餅)

朱雲顯

特 點

茄夾色澤金黃，味鹹、鮮、麻、香、酥。

技法 炸

材料

主料：淨羊肉180克

配料：長茄

調料：蔥、薑、蒜、乾辣椒、鹽、油、雞蛋、
麵粉、黃酒、花椒粉

製作步驟

1. 羊肉切餡，加入黃酒、鹽、蔥末、薑末拌勻。

2. 長茄切夾刀片，把肉餡夾入。

3. 麵粉、雞蛋、水、油調糊備用。

4. 茄夾掛糊，入四成熱油中炸至金黃成熟。

5. 鍋內入油，放蒜炒至金黃色，放乾椒炒香，
   入炸熟的茄夾，放鹽、花椒粉拌勻即成。

製作關鍵

炸製茄夾時，糊要拌勻。

瓜
菜

菊花茄排

李春祥

特點

外酥香，內鮮嫩，色澤金黃。

技法 炸

材料

主料：圓茄子500克、肉餡150克

配料：大白菜、雞蛋、麵包糠

調料：鮮湯、麵粉、醬油、鹽

製作步驟

1. 把大白菜刻成菊花，備用。

2. 將茄子去皮，改刀成橢圓形的夾刀片，將肉剁碎，加調味品拌勻，備用。

3. 將每片茄子片夾上肉餡，拍麵粉，拖雞蛋液，蘸麵包糠，放入170℃左右的熱油中炸成金黃色撈出，改刀，碼入盤的周圍，將白菜菊花放入盤中即成。

製作關鍵

1. 茄排的大小、厚薄要均勻。

2. 炸茄排的油溫不宜過高。

3. 不要用甜麵包的麵包糠。

魚香茄子

姚楚豪

特點

色澤金紅，軟糯入味，口味香辣，略帶甜酸。

技法

材料

主料：茄子750克

配料：瘦豬肉絲

調料：泡辣椒絲、葱絲、薑絲、郫縣豆瓣醬、黃酒、醋、蒜茸、糖、醬油、水芡粉、香油、生油

製作步驟

1. 將茄子去皮，切成8厘米長的段，順長剖為4片（一端相連）。肉絲用水芡粉上漿。

2. 燒熱鍋，放生油，燒至七成熱時將茄子入鍋滑油，待茄子呈金黃色、質地柔軟時倒入漏勺，瀝去油。下肉絲滑油，倒入漏勺，瀝去油。

3. 鍋內留餘油，放葱絲、薑絲、泡辣椒絲、蒜茸、郫縣豆瓣醬，煸出紅油，加黃酒、糖、醬油、茄子、肉絲炒勻，再用大火收汁，待汁滲入茄子內，用水芡粉勾流芡，淋上醋、香油，起鍋裝盤即成。

製作關鍵

1. 茄子炸後要瀝乾油，起鍋裝盤時不必淋上明油。

2. 炸茄子時，不宜炸得太乾或太嫩。

瓜菜

葵花賽魚翅

李春祥

特點

用料普通，清香適口，造型美觀大方。

技法 蒸、炒、煨

材料

主料：乾黃花菜150克

配料：冬筍、香菇、雞肉、豆芽

調料：雞蛋、醬油、生粉、醋、白糖、鹽、雞粉、植物油

製作步驟

1. 乾黃花菜用溫水泡軟，用梳子把黃花菜整齊地梳成魚翅形。

2. 將梳理好的黃花菜每10根一組，拍生粉，拖蛋糊，下120℃左右的溫油中炸成金黃色，撈出碼盤，然後加調味品，入籠屜蒸30分鐘取出。

3. 把冬筍、香菇、豆芽、雞肉切成火柴頭粗細的絲。鍋內加少許油，把切好的配料絲加調味品炒熟，放入盤中間，備用。

4. 將蒸好的乾黃花菜魚翅下鍋，加調味品和鮮湯，煨至入味，打芡，加明油，大翻勺出鍋，倒在炒好的三絲上，周邊點綴上葵花瓣即成。

製作關鍵

魚翅要梳理好，炒時要大翻勺。

四寶
蒸釀鮮蘆筍

莊偉佳

特點

鹹鮮，造型特別，味鮮甜、清爽。

技法

材料

主料：蘆筍8支、四寶肉餡150克、豉油適量

製作步驟

1. 蘆筍改刀成6厘米長的段，焯水待用。

2. 在蘆筍中間挑開成4邊，釀入肉餡，蒸熟後淋上豉油即可。

製作關鍵

注意餡料的脆爽度。

糖醋拌蓑衣

羅世偉

特點

爽脆涼拌，造型美觀。

技法

材料

主料：白蘿蔔、胡蘿蔔、萵筍各適量

調料：鹽、白糖、香醋

製作步驟

1. 白蘿蔔、胡蘿蔔、萵筍切條，剞蓑衣花刀。

2. 取水加入鹽攪拌溶化，泡入切好的原料，30分鐘後取出，反覆漂洗去蘿蔔辣味、鹽味，瀝乾水分，投入白糖、香醋醃漬1小時後即可食用。

製作關鍵

要反覆漂洗以去除蘿蔔之辣味。

瓜菜

胡蘿蔔鬆

李培雨

特點
刀工細膩，色澤艷麗。

技法 燒、炸

材料

主料：胡蘿蔔500克

調料：白糖、花生油

製作步驟

1. 將胡蘿蔔去皮洗淨，切成細絲。

2. 勺內加入花生油，燒至五成熱時，下入蘿蔔絲，炸至酥，撈出，控淨油，放入小碗中，再反扣入涼盤中，撒上白糖即可。

製作關鍵

胡蘿蔔絲要切得精細而均勻。

春卷時蔬

周文榮

特點
色澤豔麗，口感爽脆。

技法 捲

材料
主料：青瓜絲、超級春卷皮、胡蘿蔔絲、紫泡菜絲、生菜絲、桂冠沙拉醬等

製作步驟
將各種原料用春卷皮捲製，上菜時將捲好的時蔬卷切成3厘米長的小段，兩頭放中間擺好，並帶沙拉醬上桌即可。

製作關鍵
所有蔬菜必須漂洗淨，按食品衛生法生菜清洗標準執行。

瓜菜

75

翠瓜魚米

張獻民

特點

魚米潔白，滑爽鮮嫩，青瓜翠綠，造型美觀。

技法 燒

材料

主料：青瓜500克、鱖魚肉250克

配料：熟松子、雞蛋白、紅椒丁

調料：油、紹酒、生粉、鹽

製作步驟

1. 鱖魚肉去皮去血筋，切成米粒狀，入清水漂淨，瀝去水份，加入調料、雞蛋白、生粉上漿待用。青瓜切成3厘米長的段，外皮刻花紋，中間鏤空成花瓜盅，再入雞湯中調味焗熟，取出裝盤。

2. 鍋加油，燒至110℃左右，放入魚米滑熟倒出，鍋中放入調料、魚米，勾芡，淋入香油，裝入翠瓜中，以松子、紅椒丁點綴即成。

八寶冬瓜盅

莊偉佳

特點

味道鮮美，保持碧綠生機並富立體感，精雕細刻的圖案，倍添宴會的吉祥如意氣氛。

技法

材料

主料：冬瓜、蟹肉、雞粒、肉柳粒、金華火腿、瑤柱、花菇粒、湘蓮子、鮮菇粒、絲瓜粒、夜香花合共750克

製作步驟

1. 冬瓜製成盅（約高25厘米），去瓤，沿橫切面改三角尖花，撒上夜香花，表皮雕刻精美圖案。

2. 其餘原料汆水後加入瓜盅內，倒入適量上湯，入蒸櫃蒸至透身。

製作關鍵

汆水後過冷水再燉。

瓜脯海味包

周元昌

 特 點

材料豐富，口感鮮美，湯汁香醇。

技法 炒、蒸

材料

主料：冬瓜400克

配料：水發魚翅、蒸發珧柱、巴西菇、水發刺參、東星斑淨肉、松茸粒、魚子醬、芹菜

調料：黃燜翅湯、雞粉、鹽、生粉

製作步驟

1. 冬瓜去皮後切成正方形的薄片，東星斑淨肉切粒後上漿，芹菜焯水切粒，待用。

2. 刺參切粒，與魚翅、珧柱、東星斑粒、松茸粒、芹菜粒炒製成餡心，待涼後包入冬瓜片中，用芹菜絲紮緊，上籠蒸製片刻，取出裝盤。

3. 鍋中放入黃燜翅湯，加巴西菇，調味勾芡，澆於瓜脯上，用魚子醬點綴即可。

製作關鍵

1. 冬瓜片要切得厚薄均勻。

2. 炒製餡心時芡汁不宜多。

瓜菜

金華
蟹挑白玉

林鎮國

特點

清淡可口，老少皆宜。

技法

材料

主料：去皮冬瓜條500克、金華火腿片200克

配料：蟹肉、挑柱

調料：雞粉、鹽、白糖、香油、胡椒粉

製作步驟

1. 將冬瓜條放入湯中，加雞粉、鹽、白糖入味燒滾，待冬瓜條軟爛後用碟盛起，用火腿片伴邊。

2. 油鍋燒開，加入適量的湯，放入蟹肉、挑柱，加雞粉、鹽、白糖、香油、胡椒粉調味，用生粉勾芡，淋在冬瓜條上即可。

製作關鍵

冬瓜條一定要軟爛入味。

上湯冬瓜餃

李連群

特 點

湯鮮味濃，瓜餃餡心嫩。

技法 蒸、汆

材料

主料：冬瓜1000克、墨魚250克

配料：青豆、蛋白

調料：上湯、鹽

製作步驟

1. 將冬瓜去皮，片成薄片，切成圓形。

2. 將墨魚打茸，加調料、青豆製成餡心，釀入冬瓜，抹蛋白上蒸籠蒸熟。

3. 將蒸熟的冬瓜餃放入加熱過的上湯中汆一下即可。

製作關鍵

冬瓜片要薄厚均勻，墨魚茸要細嫩。

瓜菜

鮮蝦冬瓜餃

蘇傳海

特點

蝦嫩瓜軟，肉白油潤，色彩鮮豔，清爽利口。

技法

材料

主料：鮮河蝦仁150克、厚肉冬瓜500克

配料：鮮香菇、淨冬筍肉、鮮紅椒、蛋白

調料：鹽、白糖、料酒、水芡粉、蔥末、香油

製作步驟

1. 將鮮河蝦仁剁成茸，投入鹽、白糖、料酒、蛋白，拌勻成餡。

2. 冬瓜去皮洗淨，放在案板上修成直徑8厘米的球形，然後切成薄片。

3. 鮮香菇、冬筍肉切末，放入蝦仁餡中。紅椒切成小菱形片。

4. 將冬瓜片逐一放在案板上，靠一邊放上蝦仁餡，點上紅椒片，將一半冬瓜片折疊過來，與另一半對齊，用手輕輕壓牢呈餃子形，擺入盤中，上籠用中火蒸3分鐘取出，勾薄芡，淋明油，澆在餃子上即成。

製作關鍵

1. 冬瓜修餃皮時注意大小、厚薄一致。

2. 蒸製冬瓜餃時，不宜蒸得過爛。

鴿蛋瓜燕

李萬民

特點

色澤美觀，湯味鮮美，清淡鹹鮮可口。

技法

材料

主料：鴿蛋10個

配料：冬瓜、火腿絲

調料：特製清湯、鹽、料酒、胡椒、細乾豆粉

製作步驟

1. 將冬瓜去皮，切成10厘米長的細絲。

2. 將冬瓜絲搌乾水份，均勻裹上細豆粉，用開水汆熟，用水漂浸發亮。

3. 將鴿蛋逐一打開，放入小碟中，上蒸籠蒸熟。

4. 將冬瓜絲用開水燙一下，再把特製清湯燒開，冬瓜絲用湯過一次，裝於碗內，撒上火腿絲，放入鴿蛋，摻入調好味的特製清湯即成。

東坡素肉

史正良

 特點

以素托葷，製法新奇，色澤銀紅，軟清鮮，鹹鮮味濃。

技法 蒸、燒

材料

主料：嫩冬瓜750克

配料：熟羊肚菌、水發黃花、嫩綠菜心、嫩冬筍尖

調料：鹽、整薑、蔥(拍破)、雞精、熟化雞油、鮮母雞油、紅醬油、濃雞汁、料酒、清湯、水芡粉、精煉油

製作步驟

1. 冬瓜去瓤，刮去粗皮，切成大長方塊，洗淨，在冬瓜表皮用V形戳刀戳成十字花紋，然後放沸水鍋內焯水至半熟，撈出，捩乾表面水份，均勻抹上醬油，待收汁後放入七成熱的油鍋內炸至色銀紅撈出，切塊，表面剞十字花紋，放入大蒸碗內，加入清湯、整薑、蔥、鮮雞油、鹽、雞精、料酒，放沸水籠內蒸熟。

2. 黃花挽成如意結，冬筍切成木梳片，焯水後撈出，用冷水漂過。菜心洗淨焯水。

3. 將蒸好的冬瓜取出，皮向上間隔擺入大圓玻璃盤內，鍋內加入濃雞汁、鹽、雞精、羊肚菌、黃花結、冬筍片燒沸，再放入菜心，勾入水芡粉成二流芡，淋入化雞油推轉，起鍋澆淋於"東坡肉"上即成。

瓜盅
何首烏燉乳鴿

呂長海

呂長海

特點

湯鮮肉爛，有食療價值。

技法 蒸

材料

主料：大冬瓜1個、乳鴿
2隻

配料：淮山藥、葱、薑

調料：湯、鹽、料酒

製作步驟

1. 把冬瓜洗淨，做成冬
   瓜盅，外面雕成各種
   圖案花備用。

2. 將乳鴿洗淨修形，放
   開水中汆透，撈出洗
   淨，放入冬瓜盅內。

3. 鍋裏加湯，調味燒開，
   倒入冬瓜盅，加淮山
   藥、葱、薑，上籠蒸
   至鴿爛即可。

製作關鍵

精選1個月內的乳鴿，烹製時保持鴿體完整。

86

南瓜汁刺參

莊偉佳

特點

口味鹹鮮，營養豐富。

技法

材料

主料：南瓜150克、水
發刺參1隻

調料：上湯、生粉、鹽

製作步驟

1. 南瓜蒸熟打爛成茸，
   加入上湯調味，勾芡，
   倒入器皿中。

2. 刺參煨至入味，放在
   南瓜茸上即可。

製作關鍵

刺參要氽水去青灰味。

瓜菜

87

奶酪南瓜湯

欒瑞濱

(特)(點)

湯味香甜濃厚，營養豐富。

技法 (蒸)、(燒)

材料

主料：南瓜300克

配料：鮮蝦、玉米粒、薄荷葉

調料：奶酪、鹽、雞粉、白糖、上湯

製作步驟

1. 將南瓜去皮，蒸熟，製成茸，備用。

2. 另起鍋，下入奶酪炒香，加入上湯、調料、配料和南瓜茸，燒開調勻，打芡裝碗即可。

製作關鍵

南瓜要蒸透，打茸後過濾取汁。

魚米
像生南瓜

楊定初

特 點

形態逼真，口感鮮美，別有風味。

技法 蒸

材料

主料：糯米粉150克、老南瓜茸50克、青糯米粉5克、鱖魚肉200克、芹菜100克、香菇25克、筍丁25克

調料：鹽、黃酒、胡椒粉、香油

製作步驟

1. 糯米粉加開水和老南瓜茸和成糰。

2. 鱖魚肉製茸，芹菜切末，香菇切小粒，將上述原料加筍丁和調料拌勻，製成餡心。

3. 將和好的南瓜麵糰摘成小劑，包入餡心，用工具製成南瓜形狀，上籠即可。

製作關鍵

餡心製作調味要恰當，南瓜形狀要逼真。

瓜菜

素炒金瓜

林鎮國

特點

清鮮爽口，健康素菜。

技法 炒

材料

主料：金瓜300克

配料：水發木耳、青瓜、
菜心、包心菜、紅椒

調料：鹽、雞粉、砂糖、
生粉、湯、油

製作步驟

1. 將金瓜切成4厘米長、
   2厘米寬的片，待用。
   將配料改刀成與金瓜
   片相同大小的片。包
   心菜、菜心、水發木
   耳、青瓜片用湯燒開
   入味，備用。

2. 鍋入油燒至80℃，入
   金瓜片滑油至剛熟，
   撈出瀝油。鍋內留底
   油，入紅椒片爆炒，
   再將主配料一起倒入
   鍋中爆炒，加鹽、雞
   粉、砂糖調味，用生
   粉勾芡即可。

製作關鍵

金瓜不能太熟，否則易熟爛，成菜不美觀。

珧柱金瓜羹

歐陽仟來

特點

入口香濃，魚茸滑嫩，
南瓜味濃。

技法 蒸、煮

材料

主料：精選小金瓜750
克

配料：珧柱絲、青魚肉

調料：雞汁、上湯

製作步驟

1. 精選小金瓜洗淨去
   皮，改刀切塊，入籠
   蒸製軟爛。

2. 珧柱蒸發，搓成細絲，
   入鍋炸製。

3. 大青魚去骨取肉，製
   成魚茸粒。

4. 將蒸好的金瓜用打汁
   機打成糊狀。將以上
   主配料入鍋，加入上
   湯熬濃，裝入金盅中。

製作關鍵

小金瓜要蒸熟透，味道調濃厚。

瓜
菜

椰汁三寶

林鎮國

特點

椰汁香濃，色澤誘人。

技法 蒸、燒

材料

主料：香芋條200克、金瓜條200克、紫心番薯條200克

調料：椰汁、鹽、白糖、雞粉、雞湯、生粉

製作步驟

1. 將香芋條、金瓜條、紫心番薯條上籠蒸熟，取出放在砂鍋內。

2. 椰汁中加入雞湯，加鹽、白糖、雞粉調味，用生粉勾芡，淋在砂鍋內的"三寶"上，上火燒開即可。

製作關鍵

選芋頭時，一定要選鬆軟且帶粉的。

瓜菜

梅菜
滷肉蒸金瓜

林鎮國

特點

農家風味，可口誘人。

技法 蒸、炒

材料

主料：金瓜400克

配料：滷肉碎、水發梅菜、菜心、葱花

調料：蒸魚豉油、鹽、香油、生粉

製作步驟

1. 金瓜改刀成5厘米長、2.5厘米寬、0.5厘米厚的片，用碟排開。梅菜切粒，瀝乾水份，和滷肉碎一起加入蒸魚豉油、鹽、香油調味，加上少許生粉調和，鋪在金瓜片上，蒸6分鐘即可。

2. 菜心炒熟伴邊，可酌情加蒸魚豉油。

製作關鍵

做滷肉的時候，一定要用濃香的葱油去炒才有風味。

煎釀涼瓜錢

羅世偉

特點

肉質嫩滑,芡汁明亮,味道鮮美。

技法 煎

材料

主料:涼瓜500克、鮮蝦肉100克

配料:豬肥膘肉、蛋白、荸薺

調料:白糖、香油、乾生粉、水芡粉、鹽、高湯、油、食用鹼

製作步驟

1. 涼瓜切成1.5厘米厚的片,共12片,去籽,放入沸水鍋煮3分鐘,加食用鹼焯過,撈出,用水沖去鹼味,待用。

2. 蝦肉、肥膘肉、荸薺分別剁成茸,一併加鹽、蛋白攪勻,分成12個餡料。

3. 將涼瓜內圈抹勻乾生粉,將餡料釀入,下煎鍋將兩面煎成金黃色,下鹽、白糖、高湯燒1分鐘,用水芡粉勾芡,淋入香油,起鍋裝盤即成。

瓜菜

菠蘿
涼瓜扣燒肉

林鎮國

特點

甜中帶苦，酸中帶香，層次分明。

技法 蒸

材料

主料：苦瓜700克、燒肉500克、菠蘿1000克（去皮去釘）

配料：菜苗

調料：蒜茸、豉汁、蠔油、砂糖、鹽、雞粉、老抽、五香粉、生粉

製作步驟

1. 先將苦瓜、燒肉和菠蘿切成8厘米長、5厘米寬的長方片。苦瓜片焯水，備用。

2. 油鍋燒開，放入蒜茸和豉汁爆香，加入適量的湯、五香粉，用蠔油、砂糖、鹽、雞粉調味，將苦瓜、燒肉、菠蘿放入鍋內撈勻，取出，整齊拼在碼兜內。

3. 將剩下的汁水平均分配，一起放入蒸櫃內蒸1小時，隔出汁水，備用。菜苗炒熟，墊於盤底。

4. 將碼兜內的扣肉倒在盤中菜苗上，用汁水、老抽調色調味，再用生粉勾芡，淋在扣肉上即成。

製作關鍵

燒肉要選五花肉部份，蒸製時間要足。

柱侯
山藥蝦餅

高炳義

特點

鹹鮮香嫩，口味獨特。

技法

材料

主料：蝦仁400克、山藥300克

配料：葱薑末、雞蛋、乾生粉、芝麻

調料：柱侯醬、鹽、白糖、油

製作步驟

1. 將蝦仁去腸線，製成茸，備用。

2. 山藥去皮，切成玉米粒大小的丁，焯熟備用。

3. 將蝦茸加上柱侯醬、鹽、白糖、葱薑末、雞蛋、乾生粉調勻上勁，再加入山藥調勻，平均分成10份。

4. 淨鍋滑好，下入調好的蝦茸，按成圓餅，拍上芝麻，慢火煎熟，裝盤即可。

製作關鍵

1. 蝦茸製作不宜太細，一定要調勻上勁。

2. 煎製時要掌握好火候，需慢火操作。

瓜菜

蜂窩土豆

陳波

陳波

特 點

形似蜂窩，色澤金黃，
香酥微甜。

技法 炸

材料

主料：生粉250克、麵
粉50克

配料：雞蛋、馬鈴薯(土
豆)

調料：白糖、精煉油

製作步驟

1. 將麵粉、生粉、雞蛋、
   清水放入碗內，調成
   濃漿。馬鈴薯切成小
   丁，備用。

2. 鍋置火上，加入精煉
   油燒至八成熱後倒出。

3. 將一大勺熱油放入鍋
   中，倒入馬鈴薯塊，
   下少量濃漿，待水份
   蒸發、凝結成蜂窩狀
   時，再下入少量濃漿，
   如此分數次將對好的
   濃漿放入，緩慢分次
   加入熱油，直至濃漿
   全部凝結後用漏勺撈
   出，控乾油，裝入盤
   中。

4. 將白糖均勻地撒在菜
   品表面即可。

製作關鍵

對漿時要攪勻、攪散。炸時用中火，油溫控制在七成熱左右，
以使水份快速蒸發。

辣藕拼香芋

林友清

特點
香辣味濃，質感軟糯。

技法 蒸

材料

主料：蓮藕、香芋各500克

配料：熟火腿絲、乾椒絲

調料：紅油、鹽、雞粉、陳醋、白糖、辣醬、香油、湘滷

製作步驟

1. 將蓮藕洗淨，用湘滷入味，上籠蒸30分鐘取出。香芋去皮蒸熟。

2. 將蒸熟的蓮藕、香芋改刀，擺入盤中。

3. 把火腿絲、乾椒絲加入調料拌勻，澆蓋在蓮藕香芋上即成。

製作關鍵
蒸製時掌握好火候。

瓜菜

99

金沙素仔排

蘇傳海

特點

色澤金黃,外香酥,內軟嫩,佐酒佳餚。

技法

材料

主料:毛芋肉500克

配料:馬鈴薯、麵包糠

調料:鹽、蛋白、油、生粉

製作步驟

1. 將毛芋肉蒸熟碾成泥,加調料調準口味,待用。

2. 馬鈴薯削皮切成12條,浸泡在清水中漂洗。

3. 用馬鈴薯條蘸乾生粉包上毛芋泥,兩端露出,裹上蛋白,滾上麵包糠,成素仔排生坯。

4. 鍋置火上,倒入油,燒至五成熱時下入素仔排生坯,炸至金黃色時撈出瀝淨油,裝入盤中即成。

製作關鍵

1. 將原料製作成豬仔排形狀。

2. 麵包糠不耐火,在炸製時要控制制油溫,既要將內部炸透,又不能將表面的麵包糠炸焦。

火肉文武筍

薛文龍

特 點

火腿酥透，雙筍鮮嫩，爽口不膩，回味無窮。

技法 煮、蒸

材料

主料：火腿500克

配料：竹筍、蘆筍

調料：鹽、紹酒、冰糖屑、雞湯、生薑

製作步驟

1. 將竹筍斬去根，剝去殼，置水鍋中略煮，取出待用。蘆筍去皮洗淨，待用。

2. 火腿切片，待用。

3. 鍋置火上，加入雞湯、配料調味，將竹筍、蘆筍分別略煮，碼入盤中，蓋上火腿，淋入雞湯，上籠略蒸即可。

製作關鍵

火腿洗去油污，除去油頭，去骨。

瓜菜

問政山鞭筍

蘇傳海

特點

鞭筍脆嫩，火腿芳香，是徽菜中的極品。

技法 燉

材料

主料：鞭筍400克

配料：火腿、火腿骨

調料：熟豬油、鹽、冰糖

製作步驟

1. 選用三成肥七成瘦的火腿和火腿骨，用熱水洗滌乾淨，放在砂鍋中，放入清水。將鞭筍修去老根，剝去外殼，放入砂鍋內。

2. 將砂鍋置旺火燒開，撇去浮沫，放冰糖，轉用小火燉2小時左右，待鞭筍由白變黃，湯汁快乾時，加入鹽、熟豬油再燉約10分鐘。揀去火腿骨，將鞭筍整根放入器皿裏，火腿切成3.3厘米長的片，放在筍尾端底下，倒入原湯汁即可。

製作關鍵

1. 鞭筍必須與火腿同燉，以燉出火腿臘香。

2. 燉製前一次性加水到位，中途不可添加，否則影響口味。

培植菌

蟹黃
野菇石榴果

葉卓堅

特點

鮮香爽脆，色澤誘人。

技法 煨、蒸

材料

主料：蟹黃100克、什錦菌菇350克

配料：包菜葉、瑤柱絲、芥菜梗、小薑片

調料：鹽、雞粉、黃酒、蠔油、白菌油、上湯、生粉、橄欖油、花生油

製作步驟

1. 將什錦菌菇、芥菜梗、包菜葉分別焯水，過冷水。芥菜梗撕成條，待用。

2. 鍋中放入上湯，加入小薑片、瑤柱絲、什錦菌菇燒開，加調料煨燒至入味，小火收汁至稠，勾芡，淋上白菌油。

3. 將包菜葉吸乾水份，攤平，放入煨燒好的什錦菌菇（留少量菌菇待用），包起四邊，用芥菜梗條紮緊，包成包裹狀，上籠略蒸後取出。

4. 蟹黃入鍋略煸，加入上湯，調好味，勾芡，澆在蒸好的菜包上，並用留用的菌菇點綴即可。

製作關鍵

菌菇要在收緊汁後再勾芡，以防出水。

培植菌

鮮奶蘑菇

趙仁良

特點

鮮香軟嫩，口味清香。

技法 炒

材料

主料：蘑菇300克

配料：鮮奶、蛋白、菜心

調料：鹽、油、水芡粉

製作步驟

1. 蘑菇洗淨，焯水。蛋白入油鍋中滑熟，待用。菜心炒熟，圍在盤邊。

2. 鍋內放入鮮奶、鹽，放入蘑菇、蛋白炒勻，用水芡粉勾芡，出鍋裝盤即成。

製作關鍵

溫油下鍋，小火烹製。

煎釀雞腿菇

莊偉佳

(特)(點)

味濃，香滑。

技法 (煎)、(燜)

材料

主料：雞腿菇2件，蝦膠50克，菜心2棵

調料：蒜茸、薑米、湯、鹽

製作步驟

1. 將雞腿菇從中間切一刀，釀入蝦膠；菜心入鍋煽熟，放於盤邊。

2. 鍋入油燒熱，放入雞腿菇煎至金黃色，再下蒜茸、薑米，倒入湯，用調料調味，燜至熟透即可。

製作關鍵

先煎製，後半燜。

培植菌

山花
猴蘑香菇

特點

味鮮，口感滑嫩，色澤分明。

技法 煨

材料

主料：鮮猴頭菇250克、香菇150克

調料：葱段、薑片、高湯、鹽、味素、雞精汁

製作步驟

鮮猴頭菇、香菇洗淨，用高湯煨透，加調料調味，起鍋裝盤，拼擺成形，澆鹹鮮口味高湯白汁即成。

製作關鍵

煨製鮮猴頭菇和香菇時，燒製的高湯汁應均勻透亮。

油燜三冬

林友清

點

清香脆嫩,營養豐富。

技法 煸炒、燜

材料

主料:鮮冬菇、淨冬筍、排冬菜各適量

調料:熟豬油、雞油、清湯、鹽、雞粉、水芡粉

製作步驟

1. 將冬菇、冬筍、排冬菜洗淨,改刀成形。

2. 鍋上火,入熟豬油燒至五成熱,下入冬筍、冬菇過油,撈出。

3. 鍋內留少許油,下入冬菜煸炒,再放入冬筍、冬菇和調料燜炒入味,用水芡粉勾芡,淋雞油,出鍋裝盤即成。

製作關鍵

掌握好油溫,保持原料脆嫩。

培植菌

雲膽猴頭菌

特·點

海膽鹹鮮，猴頭菇清香。

技法 燒

材料

主料：猴頭菇300克

配料：鮮海膽

調料：清湯、紹酒、鹽、胡椒、水芡粉、雞油

製作步驟

1. 猴頭菇用清湯焯透，取出裝盤，待用。

2. 另起鍋上火，入清湯燒沸，放入鮮海膽，加調料調味，用水芡粉勾芡，淋上雞油，澆在猴頭菇上即成。

蒜茸金針

特 點

蒜香味濃，金針菇軟嫩。

技法 烤

材料

主料：金針菇200克

配料：蒜瓣

調料：鹽、雞精、黃奶油、雞油

製作步驟

1. 將蒜瓣切成蒜茸，調成蒜茸汁。取金針菇洗淨，待用。

2. 另取烤盤，放入炒好的奶油、雞油，將金針菇擺在盤中，加入蒜茸汁和調料，入烤箱烤製10分鐘，取出裝盤即可。

製作關鍵

蒜茸汁要香濃，否則會影響菜品口味。

金菇
替竹笙

李學深

特．點

爽滑鹹鮮。

技法 蒸

材料

主料：金針菇250克、發好的竹笙（竹蓀）250克

配料：勝瓜、紅尖椒

調料：鹽、白糖、上湯、生粉、食油

製作步驟

1. 將發好的竹笙與金針菇分別焯水，加調料入味。

2. 把入味的金針菇套入竹笙中，上籠蒸10分鐘，出籠。

3. 鍋中加上湯，下鹽、白糖，用生粉勾芡，淋在成品上。勝瓜切絲，入鍋炒熟，與紅椒絲點綴即可。

製作關鍵

1. 竹笙漲發要白。

2. 金針菇洗淨，去掉異味。

乾煸茶樹菇

陳波

(特)(點)

乾香入味，風味獨特。

技法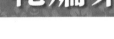

材料

主料：鮮茶樹菇400克

配料：去皮豬二刀肉、青紅燈籠椒

調料：蠔油、白糖、醬油

製作步驟

1. 將茶樹菇洗淨後撕細(約1/2筷子粗細)。豬二刀肉煮熟，切成筷子條，青、紅辣椒切成細條。

2. 鍋中入油，燒至六成熱，下茶樹菇迅速炸乾水份，撈出。蠔油、白糖、醬油放入碗中，調成味汁。

3. 鍋入少許油燒熱，用小火將肉條煸酥香，下入青、紅辣椒和炸好的茶樹菇，烹入味汁後翻炒均勻，起鍋裝盤即可。

製作關鍵

炸時要控制好油溫和時間。

芙茸牡丹

李振榮

特點

成菜美觀、高雅。

技法

材料

主料：黑木耳350克

配料：魚茸、蛋白、血燕

調料：鹽、花雕酒、蔥油

製作步驟

1. 黑木耳水發好，洗淨待用。

2. 黑木耳加魚茸製成牡丹花形，上籠蒸熟。以蛋白作芙茸底，血燕作花心，放入高湯中，加鹽、花雕酒，汆熟後取出，擺入盤中即可。

製作關鍵

蒸製時間不宜過長，口味要清淡。

口袋竹笙

孟憲澤

特點

鮮脆適口，口味鹹鮮。

技法 蒸

材料

主料：水發竹笙(竹蓀)300克、淨黑魚肉200克

配料：鮮蝦丁、鮮筍丁、火腿丁、香菇丁、雞蛋、香菜梗

調料：鹽、味素、葱、薑、料油

製作步驟

1. 將水發竹笙切去根部。

2. 將鮮蝦丁、鮮筍丁、火腿丁、香菇丁、雞蛋加調料，調成餡。

3. 將調好的餡(配料丁)裝入水發竹笙中，用香菜梗紮好口，上蒸籠蒸熟，澆上鹹鮮口味汁，裝盤即成。

製作關鍵

注意蒸製時間，以掌握成品的口味。

培植菌

精扒四寶

龐煜

特點

色彩豔麗，素淡爽口，鹹鮮味美。

技法

材料

主料：竹笙(竹蓀)、香菇、菜心、玉米粒各
150克

調料：鹽、胡椒粉、清湯、豬料油、生粉、葱、
薑、清油

製作步驟

1. 將各種主料刀工處理，加清湯、調料煲入
味，整齊地排列在盤中成型，上籠(菜心除
外)蒸10分鐘取出，控淨水份。

2. 炒鍋置火上，加底油燒熱，煸香葱、薑，
加清湯調味勾芡，淋入豬料油，起鍋澆在
主料上即成。

製作關鍵

主料排列要整齊。汁的濃度要適宜。

豆及
豆製品

碧波芙茸蟹

李連群

特點

綠白相映，口味鹹鮮，蛋白滑嫩，老少皆宜。

技法 炒

材料

主料：鮮綠豆瓣400克、雞蛋白6個

配料：蟹黃、蟹肉

調料：鹽、味素、高湯、芡粉

製作步驟

1. 將豆瓣焯熟過涼，用粉碎機打碎，備用。雞蛋白加入適量高湯、芡粉調勻後炒熟，逐個裝入器皿內。

2. 把打碎的豆瓣加入調料，上火烹熟，逐個澆在燒好的蛋白上，再撒上炒好的蟹黃、蟹肉即可。

製作關鍵

要選用上等的鮮綠豆瓣。炒蛋白時需加入高湯調製。

翡翠
豆角魚餅

汪建國

 點

色澤亮麗，味道鹹鮮。

技法 蒸、煎

材料

主料：豆角200克

配料：豬肉、魚肉

調料：鹽、蠔油、生抽、生粉、油

製作步驟

1. 豆角焯水，撈入涼開水中過冷，打成環狀。

2. 將豬肉、魚肉拌和成餡，放入豆角環中，
   上籠稍蒸。

3. 鍋燒油，將豆角環下油鍋煎至兩邊微黃。

4. 用鹽、蠔油調味，收芡，澆在豆角環上即成。

製作關鍵

1. 豆角焯水時間要稍長。

2. 煎豆角時不能將豆角煎黃。

薑汁纏豇豆

 盧朝華

特點

色澤碧綠，嫩脆清香，薑醋味濃，宜人爽口。

技法 醃

材料

主料：鮮嫩豇豆250克

配料：白蘿蔔

調料：生薑、香醋、鹽、香油

製作步驟

1. 豇豆焯水，撈出，趁熱碼上香油、鹽等，晾冷待用。

2. 白蘿蔔切成粗絲，用鹽醃一下，瀝乾水份，在盤中堆好，待用。

3. 生薑切成細米粒狀，與調料調成味汁。

4. 用小刀把豇豆劃開一部份，再編纏成繩鞭狀。在盤內把纏好的豇豆擺成形，淋上味汁，盤邊做好裝飾即成。

製作關鍵

豇豆不宜煮過火，保持豇豆的清香和脆嫩。

醬八寶

石萬榮

特 點
原料多樣，醬香濃郁。

技法 炒、燒

材料
主料：香乾、五花肉丁、甜豌豆、豬肚仁、蝦仁、冬筍、香菇、花生米各50克

調料：醬油、甜麵醬、黃醬、白糖、鹽、蠔油、水芡粉、蔥、薑、料酒、香油

製作步驟
1. 將所有原料切丁，汆水拉油。
2. 鍋放底油，入蔥、薑熗鍋，放肉丁煸炒，加入調料，放入肚仁、香菇、冬筍、香乾燒至入味，下入花生米、豌豆、蝦仁收汁，淋香油出鍋，晾涼裝盤即可。

製作關鍵
1. 各種丁要切得大小一致。
2. 注意各種原料的投放順序。

玉瓜素什錦

邵澎波

特點

造型美觀，鮮嫩爽脆。

技法

材料

主料：翠玉瓜、香菇、胡蘿蔔、玉米粒、豌豆、冬筍各適量

配料：鮑菇、黃椒

調料：鹽、味素、素湯、水芡粉、香油、薑末

製作步驟

1. 將翠玉瓜挖出瓜肉，製成盛器，雕成特定形狀。

2. 將翠玉瓜肉、香菇、胡蘿蔔、冬筍、鮑菇、黃椒改刀成丁，與玉米粒、豌豆一同焯水，撈出待用。

3. 鍋內加底油，放入薑末炒香，下焯好的各種主料，放入鹽、味素、素湯，用水芡粉勾芡，淋香油，出鍋，放入玉瓜盛器內即可。

製作關鍵

體現全素。

蟹黃豆茸

高峰

 特點

豆茸細而無腥味，成品碧綠，口味清香。

技法 炒

材料

主料：鮮大豆400克

配料：蟹黃、雞蛋

調料：鹽、味素、蔥、薑、胡椒粉、材料油

製作步驟

1. 取鮮大豆粒，用打茸機製成豆茸，加入蔥、薑、胡椒粉、蛋白、鹽，調好口味。

2. 材料油燒熱後，推入豆茸，加調料炒至成熟，裝入小豆腐板中，再點綴蒸製好的蟹黃即成。

製作關鍵

保持清香。入口無渣。

金瓜一品葵

章乃華

 特點

造型美觀，金瓜綿糯香甜，時蔬小炒鹹鮮爽脆，口味鮮醇。

技法 炒

材料

主料：金瓜300克、紅腰豆100克

配料：西芹、胡蘿蔔、嫩菱角、百合、腰果

調料：食鹽、味素、雞粉、冰糖粉、雞湯

製作步驟

1. 把金瓜切成荷花葉狀，撒上冰糖粉，上籠蒸熟，整齊地圍在盤子的四周，形成圓形圖案，中間擺上焯好的西芹片。

2. 炒鍋置爐上，加水大火燒開，放入百合、胡蘿蔔、嫩菱角、腰果、紅腰豆、西芹焯水至熟，出鍋，滗去水份，待用。

3. 炒鍋複置爐上，燒熱後過油，加入雞湯，再加入食鹽、味素、雞粉，倒入焯水後的百合等原料，翻炒均勻，勾芡，裝入用金瓜和西芹圍邊的盤中即可。

製作關鍵

要選擇口感有粉感的金瓜。

豆及豆製品

甜豆
鱸魚麵筋

王海東

特點

色澤金黃，口感滑嫩。

技法 炸、煨

材料

主料：鱸魚1條、甜豆150克

調料：鹽、料酒、雞蛋、麵粉、生粉、蔥、薑、清湯

製作步驟

1. 將鱸魚取肉，製成茸，加調料攪打上勁。

2. 將鱸魚茸下油炸成麵筋形狀，再用溫水浸泡回軟，加清湯煨製入味，再加入甜豆煨熟，裝盤即成。

製作關鍵

1. 打魚膠時鹽要加足，要摔打15分鐘以上。

2. 炸時油溫要高，速炸，防止魚膠爆油。

炸灌湯
豆腐丸子

崔伯成

特 點

丸子色澤金黃，外酥香，內軟嫩。丸子咬開出鮮湯，風味獨特。

技法 炸

材料

主料：白豆腐400克

配料：肉皮凍、麵粉、雞蛋液、饅頭

調料：鹽、花生油

製作步驟

1. 將豆腐壓成細茸，放入鹽、麵粉拌勻。

2. 饅頭去皮，切成綠豆粒大小的顆粒。

3. 肉皮凍切成1厘米見方的丁。

4. 把豆腐茸分成10~12份，逐個包上皮凍，蘸上雞蛋液，外面再滾上一層饅頭粒。

5. 鍋中放花生油，燒至四成熱時放入豆腐丸子，炸成金黃色，撈出擺在盤內即可。

製作關鍵

豆腐茸一定要壓細，不能有塊狀。包肉皮凍時，一定要包嚴，否則漏湯。

蟹香黃燜豆腐

周元昌

特點

湯汁醇厚，鮮香滑嫩。

技法 煨

材料

主料：自製菠菜雞蛋豆腐100克

配料：蟹鉗肉、脆菇鬆

調料：黃燜濃湯、雞粉、鹽、雞油

製作步驟

1. 自製菠菜雞蛋豆腐用模具壓成圓形，放入油鍋中浸炸至呈金黃色。

2. 蟹鉗肉醃製上漿，過油至熟。

3. 鍋中下濃湯、雞蛋豆腐、蟹鉗肉，煨製片刻，加調料調味，勾芡裝盤，擺上脆菇鬆即成。

製作關鍵

1. 豆腐不宜炸得過老。

2. 煨製要入味。

金沙豆腐

莊偉佳

特點

口味鹹鮮，外香內滑。

技法

材料

用料：山水豆腐1盒、辣椒乾15克、蒜茸50克、葱粒15克、淮鹽適量

製作步驟

1. 先將豆腐吸乾水份，整塊放入油鍋中，炸至外皮金黃、呈蜂巢形。

2. 將辣椒乾、蒜茸（金沙料）、葱粒入鍋爆炒，加入淮鹽調味，放在炸豆腐上面即可。

製作關鍵

炸豆腐時先猛火快炸後轉中火浸炸。

鍋燭釀豆腐

王義均

特點

傳統名菜，雅俗共賞。

技法

材料

主料：豆腐400克

配料：雞腿肉、海米、香菇、馬蹄、香菜、雞蛋、麵粉、豆苗

調料：葱末、薑末、鹽、味素、料酒、薑汁、葱薑油、植物油、香油、高湯

製作步驟

1. 將雞腿肉剁細，放葱末、薑末、料酒、鹽、味素、香油攪勻成餡；把海米泡開切碎，把香菇、馬蹄切成小丁，香菜切末放入雞肉餡裏拌勻。

2. 把豆腐切成4厘米長、2.5厘米寬、0.3厘米厚的片，共切24片，12片擺在盤內，上面放上拌好的餡，再把另12片蓋在上面，拍上麵粉，拖勻蛋液。

3. 炒鍋上火，加油燒熱四成熱，下入豆腐炸成淺黃色時撈出，控淨油。

4. 炒鍋入葱薑油燒熱，烹入高湯，加入鹽、味素，放入豆腐，微火收汁入味，淋入香油，逐塊擺在盤內，呈方形。

5. 將豆苗清炒，控淨湯汁，點綴在豆腐周邊。

製作關鍵

湯汁適度，不能脫糊。

富貴豆腐箱

寶義勇

特點

菜色紅褐，豆腐軟嫩，口味鹹鮮，造型別致。

技法 炸、蒸

材料

主料：北方老豆腐400克

配料：蝦仁、肉餡、海參、鮮貝

調料：蠔油、鮮貝露、美極醬油、水芡粉、鹽、雞粉、蔥薑末、胡椒粉、雞蛋白、油、高級清湯

製作步驟

1. 將蝦仁、海參、鮮貝切粒，待用。

2. 在肉餡中加入雞粉、鹽、胡椒粉、雞蛋白和切成粒的配料，拌勻。

3. 將豆腐切成方塊，下油鍋炸至呈金黃色，撈出。起蓋，挖去裏面多餘的豆腐，填入拌好的餡料，蓋好蓋後上鍋蒸熟，裝盤備用。

4. 湯鍋中下入少許油，加入蠔油煸出香味，注入高級清湯、鮮貝露、醬油、鹽、雞粉、水芡粉勾芡，將芡汁淋在盤中的豆腐上即可。

製作關鍵

豆腐切塊大小要一致。

宮保豆腐丁

竇義勇

特點

此菜烹調技法有別於其他川菜宮保類菜餚，是魯菜與川菜的有機結合。

技法

材料

主料：老豆腐450克

配料：去皮核桃仁、芝麻酥辣椒

調料：花椒、辣椒粉、白糖、鹽、醬油、米醋、油、料酒、雞粉、紅油、芡粉、雞湯、葱結、薑片、蒜片、青蒜段

製作步驟

1. 油鍋燒至一成熱，下入去皮核桃仁炸至酥脆，撈出備用。將老豆腐切成方丁狀。

2. 鍋中加入油燒至六成熱，下入豆腐丁炸至金黃色、表皮堅挺，撈出控油。

3. 用一小碗，加入料酒、醬油、芡粉、鹽、白糖、雞粉、米醋、雞湯，調成碗芡。

4. 炒鍋加入少許油，煸香花椒，撈出，下入辣椒粉、葱結、薑片、蒜片爆香，加入炸好的豆腐丁、青蒜段，倒入碗芡、核桃仁、芝麻酥辣椒，旺火迅速翻炒，淋入紅油裝盤即可。

豆腐獅子頭

寶義勇

特 點

色澤潔白，口感滑嫩，味道鮮美。

技法

材料

主料：白玉豆腐500克

配料：菜膽、淨鱖魚肉、基圍蝦

調料：芡粉、蛋白、蔥薑水、鹽、味素、清湯

製作步驟

1. 豆腐用水煮10分鐘，冷水沖涼，撈出切成小丁。

2. 淨魚肉打成茸，過濾，加鹽、味素、芡粉、蛋白入味，攪打上勁，備用。

3. 基圍蝦用水煮熟，去殼，切小丁。

4. 把上勁的魚茸加到豆腐丁裏拌勻，團成丸子，黏上蝦丁，溫水下鍋小火煮熟。清湯調好味，把煮熟的丸子放到清湯裏，再放入菜膽即可。

製作關鍵

必須掌握好魚茸的稠度。

清湯白玉餃

陶連喜

特 點

造型逼真，口感滑嫩。

技法

材料

主料：八公山豆腐500克

配料：蟹黃、蝦茸

調料：鹽、味素、黃酒、蔥、薑汁、雞清湯、雞油

製作步驟

1. 蟹黃、蝦茸製成餡心；白布平放於碗中，豆腐切大薄片，放白布上，放入餡心疊起，將邊壓合，製成白玉餃生坯，上籠用小火蒸5分鐘，取出裝入湯碗中。

2. 雞清湯用調料調味，燒沸，淋雞油，倒入湯碗中即可。

製作關鍵

宜選柔性較好的豆腐，這樣不易斷裂，且容易成形。

金皮豆腐

閆海泉

特 點

色澤金黃，淡中帶香，葷素搭配，營養豐富。

技法 炒、煎

材料

主料：豆腐300克

配料：雞蛋、西葫蘆、胡蘿蔔

調料：鹽、雞粉、料酒、蔥、薑、油、水芡粉

製作步驟

1. 將雞蛋磕入碗中打散，加芡粉，入油鍋攤成蛋皮。

2. 西葫蘆、胡蘿蔔切絲炒熟，加入豆腐、鹽、雞粉、料酒、蔥、薑拌勻，放入蛋皮上，包成長條狀。

3. 將包好的豆腐放入熱油鍋內，煎至呈金黃色取出，改刀裝盤即可。

製作關鍵

1. 一定要將豆腐包嚴，防止破碎。

2. 煎時要中火慢煎。

十里飄香

徐步榮

特點

鮮香嫩滑，風味獨特。

技法 蒸、炒

材料

主料：臭豆腐2塊

配料：雞蛋、清湯、筍、香菇、青豆、火腿、香菜、蔥、薑、蒜

調料：鹽、雞精、胡椒粉、紅油、醬油、酒、油、水芡粉

製作步驟

1. 將雞蛋加雞湯打勻，加調料調味，上籠蒸熟。

2. 臭豆腐、筍、香菇、火腿等切成末，入鍋炒出香味，加入雞湯和其他原料，調味後勾薄芡，淋上紅油，澆在蒸蛋上面，撒上香菜末等即成。

製作關鍵

1. 蛋與雞湯的比例要掌握好，保持嫩度。

2. 主料和配料的比例和形狀要處理好。

3. 上桌時要保持熱度。

布依豆腐

王世傑

特 點

色澤金黃，風味獨特。

技法 炸

材料

主料：臭豆腐250克

配料：熟花生仁、雞蛋糊

調料：蒜茸、葱花、鹽、味素、紅辣椒粉、料酒、食用油

製作步驟

1. 臭豆腐切成一字條，拖蛋糊，拍乾粉，入油鍋炸至金黃色，濾油。

2. 鍋中入油燒熱，放蒜茸炒香，下炸好的豆腐，灒料酒，加紅辣椒粉、鹽、味素、葱花、花生仁，翻炒均勻，出鍋裝盤。

製作關鍵

炒豆腐要快，應一氣呵成。

水蛋
麻婆豆腐

李萬民

特點

水蛋豆腐細嫩爽口，麻辣燙酥，鹹鮮香醇。

技法 蒸、炒

材料

主料：牛肉50克、豆腐500克、雞蛋300克

調料：郫縣豆瓣、乾辣椒粉、花椒粉、豆豉、川鹽、蒜苗、水豆粉、紹酒、鮮湯、菜油

製作步驟

1. 將豆腐切成2厘米見方的塊，放入沸鮮鹹湯內汆一下撈起，漂湯中待用。郫縣豆瓣剁細，豆豉碾成茸。蒜苗切成魚眼花，牛肉剁成細粒。

2. 雞蛋打開，裝大碗內，加清水、水芡粉攪勻，蒸成水蛋。

3. 鍋內放菜油少許，下肉末加料酒，炒至水分乾變酥時起鍋裝碗，待用。

4. 鍋內放菜油燒熱，下郫縣豆瓣、豆豉、乾辣椒粉，炒至油紅亮時下肉末、鹽、湯。豆腐瀝乾水，投入鍋內和勻，燒沸後下醬油、蒜苗、水豆粉，收汁亮油，起鍋裝入碗內的水蛋上，撒上花椒粉即成。

八寶
口袋豆腐

薛泉生

特 點

形似口袋，色澤紅潤，
鮮嫩味美。

技法 炸、蒸

材料

主料：玉子豆腐6袋、熟
八寶鹹餡200克

配料：芹菜(焯熟)

調料：油、紅鮑汁滷、
水芡粉

製作步驟

1. 將玉子豆腐攔腰一切
兩段，入八成熱的油
中炸至外表結殼，倒
入漏勺瀝油。用小刀
將豆腐一側的內瓤挖
空，釀入八寶鹹餡，
用燙熟的芹菜紮緊封
口，放入盤中，上籠
蒸5分鐘取出。

2. 炒鍋上火燒熱，入油，
倒入紅鮑汁滷調味
後，用水芡粉勾芡，
澆在八寶口袋豆腐上
即成。

製作關鍵

炸豆腐時油溫要高，要謹防被油濺傷。

鍋燒豆腐

呂長海

特點

色澤金黃，外焦內嫩，
老少皆宜。

技法 蒸、炸

材料

主料：雞肉糊150克

配料：豆腐、雞蛋皮、
蛋白

調料：料酒、鹽、花椒
鹽、油

製作步驟

1. 將雞肉糊與豆腐攪拌
   均勻，攤在雞蛋皮上
   攤勻，再蓋上雞蛋皮，
   上籠蒸透，取出備用。

2. 鍋上火入油，燒至七
   成熱，用蛋白裹住豆
   腐，放入油鍋裏炸黃
   撈出，用刀切成條裝
   盤點綴，上桌外帶花
   椒鹽。

製作關鍵

雞肉糊與豆腐比例恰當，炸時蛋白要裹勻。

喜鵲豆腐

史正良

特點

形象生動，質地鮮嫩，鹹鮮微辣，給人以美的享受。

技法

材料

主料：石膏豆腐300克、蝦糝100克

配料：基圍蝦、葱酥魚條、西芹、胡蘿蔔、黑芝麻、水發海帶、雞蛋白、熟香菇

調料：鹽、雞粉、紅油辣椒、花椒油、融化豬油、熟化雞油、清湯、料酒、整薑、葱(拍破)、乾細芡粉、水芡粉、精煉油

製作步驟

1. 豆腐、乾細芡粉、融化豬油、雞蛋白、雞精、鹽放攪糝機內攪細茸，再加入蝦糝攪勻，成豆腐糝。葱酥魚條去淨骨、刺，剁細茸，捏成12個小圓球，成餡心。海帶切成36片喜鵲尾巴，用鮮湯加調味品煮進味。胡蘿蔔切成12個喜鵲嘴，焯水至熟。熟香菇切成24片喜鵲翅。

2. 西芹焯水，刻成梅枝。蝦去頭、腳、沙線，洗淨，放入碗內，加入鹽、整薑葱、料酒拌勻，浸漬入味，放入六成熱的油鍋內，炸至色紅、斷生撈出，加入鹽、雞精、紅油、花椒油拌勻。

3. 取小調羹12個，內抹少許油，將豆腐糝分放調羹內，中心放上餡心，調羹根部插入喜鵲尾，抹成喜鵲狀，在頭部用切好的胡蘿蔔作嘴，黑芝麻作眼，香菇作翅膀，然後放沸水籠內，小火蒸熟，取出。

4. 將西芹擺在大條盤一端成梅枝，蝦放梅枝適當位置，擺成5朵大小不等的梅花。蒸好的喜鵲錯落擺在盤的另一端。

5. 鍋內加入清湯、鹽、雞精燒沸，放水芡粉勾成薄汁芡，淋入化雞油，起鍋，澆淋在喜鵲和梅枝上即成。

製作關鍵

1. 豆腐水要先擠淨，糝宜乾一點，以便造型。

2. 造型要生動，大小要一致，喜鵲裝盤要錯落擺放。

3. 帶皮香菇要提前煨味烹熟。

雞茸豆花湯

姚楚豪

特點

雞茸鬆嫩爽口，湯汁鮮美醇清。

技法

材料

主料：雞裏脊肉50克

配料：蛋白、熟火腿末、綠葉蔬菜末

調料：黃酒、鹽、葱薑汁、乾生粉、高級清湯

製作步驟

1. 將雞裏脊肉去筋，製成茸。

2. 將雞茸放入碗內，用少許清水調散。加黃酒、葱薑汁、鹽、生粉，拌勻。將蛋白放在碗內，朝一個方向打勻，至蛋白起泡、色潔白如霜時倒入盛放雞茸的碗內攪勻，成為雞茸糊。同時將蔬菜末倒入，攪勻。

3. 鍋洗淨，放高級清湯燒沸，放鹽，隨即將碗內的雞茸糊下鍋，用竹筷攪拌均勻。待雞茸糊凝聚如豆花狀時，用漏勺將蛋花撈出，隨即將鍋內湯倒入大湯碗中，再將漏勺內雞茸糊倒入，使其漂浮在湯麵上，撒上火腿末即成。

製作關鍵

1. 選用雞蛋必須新鮮。

2. 將蛋白攪拌起泡至色潔白如霜。

竹桶小豆腐

李振榮

特 點

東北特色，香辣鮮美。

技法

材料

主料：小豆腐450克

配料：蝦仁、海參、鮮貝、鮮蘑、青豆

調料：鹽、味素、胡椒粉、蔥薑蒜末、辣椒油、水芡粉

製作步驟

1. 將小豆腐加入蔥薑蒜末拌勻，加鹽、味素、胡椒粉、辣椒油炒製成熟，放入竹桶中，待用。

2. 將蝦仁、海參、鮮貝、鮮蘑切丁，和青豆一同入鍋炒製成熟，用水芡粉勾芡，淋於豆腐上即可。

製作關鍵

小豆腐要炒透，海鮮要先汆水去腥。

麻婆豆腐

姚楚豪

特‧點

麻辣酥嫩，有濃厚的四川風味。

技法 燒、煨

材料

主料：嫩豆腐400克

配料：牛肉

調料：郫縣豆瓣、黃酒、醬油、鮮湯、水芡粉、生油、青蒜、蒜茸、辣椒粉、味素、花椒粉

製作步驟

1. 將嫩豆腐切成邊長為1.5厘米的小方塊，放入熱水鍋中焯水。牛肉去筋，切成末。

2. 燒熱鍋，放生油，燒至五成熱時，將牛肉末入鍋煸炒，至酥、顏色深黃時，放蒜茸、郫縣豆瓣醬、辣椒粉炒出紅油，再加黃酒、醬油、鮮湯、豆腐。燒沸後，轉用小火煨2分鐘，放味素，用大火收汁，並用水芡粉勾芡，放青蒜，淋上熱油，起鍋裝盤，撒上花椒粉即成。

製作關鍵

豆腐焯水時注意焯水時間，以免豆腐起孔變老。

大煮乾絲

薛泉生

特 點

乾絲綿軟爽口，配料色彩鮮明，湯汁
醇美。

技法 煮

材料

主料：揚州豆腐方乾4塊

配料：熟雞絲、蝦仁、熟火腿絲、小菠菜、
筍絲、蟹黃

調料：熟豬油、鹽、雞湯

製作步驟

1. 將揚州豆腐方乾先劈成片，再切成細絲，
   放沸水鉢內浸燙，用筷子撥散，撈出換沸
   水，反覆燙兩次，撈出控乾水份。

2. 鍋內放油將蟹黃煸炒，放雞湯燒沸，放入
   豆腐乾絲、雞絲、蝦仁、熟火腿絲、小菠
   菜、筍絲等配料，上旺火燒煮，待湯汁漸
   濃，加鹽調味，起鍋裝盤即成。

製作關鍵

乾絲切製均勻，並反覆燙水，去除豆腥味。

鮑魚煮乾絲

董振祥

特點

湯鮮味濃。

技法 煮

材料

主料：鮑魚300克、豆乾200克

配料：菜心、香菇、火腿、蝦仁、老雞

調料：鹽、黃酒、味素、湯

製作步驟

1. 鮑魚經過8~10小時的發製，切絲。豆乾切成細絲，待用。香菇、火腿分別切絲。

2. 用老雞煲成濃湯，加鹽、味素、黃酒調味，再放入乾絲稍煮一下，撈出待用。

3. 將鮑魚絲和菜心、香菇絲放入濃湯中煮一下，再加蝦仁稍煮，最後放入火腿絲即可。

製作關鍵

乾絲切好後應用開水焯5~6遍。

菊花豆腐

王海東

特 點

色澤清亮潔白，豆香味濃，形似菊花。

技法 蒸

材料

主料：豆腐500克

配料：蟹黃、特製清湯

調料：鹽、味素、料酒、蔥、薑

製作步驟

1. 將豆腐改刀成方塊，用刀切成菊花形，備用。

2. 特製清湯加調料調味，裝入小碗，將切成菊花形的豆腐裝入小碗內，加入調料，上籠蒸透入味。

3. 出籠後，在菊花豆腐中間點綴蟹黃即成。

製作關鍵

1. 豆腐塊切菊花刀時粗細要均勻，長度要在3厘米以上。

2. 調製清湯時，要掌握好火候，用老母雞、老鴨、鴿子、火腿等調製清湯。

一品富貴卷

宋其遠

特 點

鹹鮮微辣，口味適中。

技法 炒、蒸

材料

主料：雞蛋300克、內酯豆腐200克

配料：韭菜、木耳

調料：紅油、鹽、水芡粉

製作步驟

1. 雞蛋打開，加少許生粉，製成蛋皮，待用。

2. 豆腐切小丁，韭菜切末，加調料，上鍋炒3~4分鐘。

3. 用蛋皮捲成2.5厘米粗的卷，改刀切成5~6厘米長的段，擺盤上籠蒸10分鐘，取出澆明汁即可。

製作關鍵

捲豆腐時一定要緊，否則改刀易走形。蒸時不要蒸老，否則吃起來不滑嫩。

豆及豆製品

紙火鍋豆腐

趙仁良

特點

味道清淡鮮香，微帶辣味。

技法

材料

主料：豆腐500克

配料：豬肉

調料：鮮椒蓉、鹽、料酒、高湯、水芡粉

製作步驟

1. 豆腐切粒，備用。

2. 豬肉切小丁，入油鍋煸透，下調料，加湯、
   豆腐燒入味，勾芡出鍋，放入紙火鍋中，
   點火上桌。

製作關鍵

應選豬五花肉及盒裝的內酯豆腐。

---

*紙火鍋源自日本，1940年開始出現。紙火鍋是用特殊的紙製成，可耐高溫烹煮3小時，因為紙有吸油的特性，紙火鍋的
湯可減少油膩感，還讓久煮的食物保有原本的鮮美，所以很受歡迎。

香炸豆渣包

陶連喜

特點

色澤金黃，口感香脆。

技法 炸

材料

主料：豆腐渣500克

配料：香菇粒、冬筍粒、火腿粒、雞蛋皮、雞蛋液、麵包糠

調料：鹽、白糖、雞精、蔥、薑、泡辣椒、胡椒粉、植物油

製作步驟

1. 豆腐渣放入鍋內炒乾水份，邊炒邊加入植物油、鹽、白糖、雞精、蔥、薑、泡辣椒、胡椒粉、香菇粒、筍粒、火腿粒，炒香後用雞蛋皮包成長方形，拖蛋液，滾麵包糠，待用。

2. 油鍋六成熱，投入豆渣包，炸至金黃色，瀝油裝盤即可。

製作關鍵

要將豆腐渣中水份炒乾。

豆腐渣扣肉

李振榮

特點

葷素結合，肉有豆香味。

技法 炸、蒸

材料

原料：豆腐渣350克、帶皮五花肉塊100克

調料：高湯、葱、薑、鹽、味素、蜂蜜、桂皮、花椒、大料

製作步驟

1. 將帶皮豬五花肉塊煮至八成熟，瀝乾水份，在其皮面蘸蜂蜜，入油炸成金黃色。另起鍋，入少許油燒熱，加入葱、薑、桂皮、花椒、大料、味素，燒至成金紅色，擺入小碗底部。

2. 豆腐渣加高湯等調料炒好，放在碗內的肉塊上面，入蒸箱蒸好，扣在小籠屜裏。

製作關鍵

豆腐渣不宜過細，蒸製時間要長。

天香
魚婆腐竹

鄔小平

特 點

味美醬香，鮮辣嫩爽。

技法 蒸

材料

主料：腐竹300克、魚膠350克

配料：香芹粒、葱粒、香菇粒、菜膽

調料：薑粒、薑汁、乾生粉、鹽、蠔油、生抽、麻辣粉、豆瓣醬、高湯

製作步驟

1. 先將腐竹煨發好，改刀成段，用棉布吸乾水份，待用。

2. 把魚膠加配料及薑汁、乾生粉一起攪拌均勻，待用。在腐竹中部拍上少許乾生粉，鑲上魚膠，成元寶狀，入蒸櫃蒸熟取出，入盤備用。

3. 淨鍋上火入油，放入薑粒炒香，入高湯，加調料調味，再入魚膠腐竹燴煮片刻，勾芡即成。

製作關鍵

釀魚膠腐竹時要釀牢固，這樣燴煮時不會脱落。

金鼎素火腿

姚楚豪

特點

深粟色，口味鮮香，鹹中帶甜，有咬勁。

技法 蒸

材料

主料：豆腐衣(豆腐皮)5000克

配料：胡蘿蔔、洋蔥

調料：醬油、黃酒、糖、味素、香油、清湯、雞湯、生油

製作步驟

1. 將豆腐衣撕碎待用。將胡蘿蔔、洋蔥全切成厚片，待用。

2. 燒熱鍋，入油燒至五成熱，將洋蔥、胡蘿蔔片炸香(撈出不用)，再放黃酒、醬油、糖、味素、清湯，燒沸後，加香油，製成滷汁，待用。

3. 將撕碎的豆腐衣浸入滷汁中，待浸透後，再用粗布將豆腐衣卷成直徑為15厘米、長40厘米的圓柱體，用線紮緊。上籠用大火蒸4小時左右，取出後晾透。

4. 食用時，拆包，切成5厘米長、2.5厘米寬的薄片，整齊地裝盤即成。

製作關鍵

最好選用浙江豆腐衣。豆腐衣卷必須紮緊。蒸製時間必須4小時以上。

筍乾素燒鵝

周文榮

特點

形似燒鵝，味美可口，江南素食。

技法 蒸、炸

材料

主料：豆腐皮4片、筍乾絲250克

配料：小葱、蘆筍、藍莓醬

調料：紹酒、鹽、味素、醬油、白糖、香油、食用油

製作步驟

1. 紹酒、鹽、味素、白糖、醬油放在盆裏，加少量水調成混合液。將豆腐皮攤開，刷上一層混合液，再攤上一張，再刷上一層混合液即可，共2張。

2. 筍絲用開水燙過、擠乾，加入鹽、味素、白糖、香油拌好，分放在2張豆腐皮上，放上兩根小葱，捲成卷，上籠蒸10分鐘即可。

3. 鍋入油燒至150℃，放豆腐卷炸至呈金黃色撈出，切3厘米長的段裝盤，用蘆筍、藍莓醬點綴即可。

豆及豆製品